香山帮建筑图释

冯晓东　雍振华　著

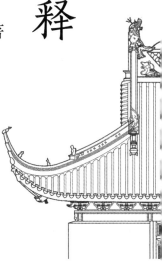

中国建筑工业出版社

图书在版编目（CIP）数据

香山帮建筑图释 / 冯晓东，雍振华著. —北京：中国
建筑工业出版社，2015.5
ISBN 978-7-112-17893-3

I.①香… II.①冯…②雍… III.①古建筑-建筑艺术-
苏州市-图集 IV.①TU-092.2

中国版本图书馆CIP数据核字（2015）第047827号

　　本书共 13 章，包括的主要内容有：类型、平面、阶台、构架、牌科、戗角、装折、墙垣、屋面、
鬃饰、彩画、石作、装饰线脚、材料与工具。
　　本书汇集了香山帮的典型建筑实体照片，如：殿、厅、堂、轩、馆、楼、阁、榭、舫、亭、廊等，
使读者对香山帮建筑的建造精华获得知识性、工具性和鉴赏性的视觉解读。本书图文并茂，使专业读
者和广大建筑爱好者能够更便捷高效地解读香山帮建筑的形式与构造，也为非物质遗产香山帮技艺的
学习和传承提供了一部教辅式图书。
　　本书可供广大古建筑工作者和建筑、园林工作者使用，也可供相关专业以及建筑文化爱好者使用。

特约编辑：徐　伉
责任编辑：胡明安　姚荣华
书籍设计：付金红
责任校对：李欣慰　张　颖

香山帮建筑图释

冯晓东　雍振华　著
*
中国建筑工业出版社出版、发行（北京西郊百万庄）
各地新华书店、建筑书店经销
北京嘉泰利德公司制版
北京中科印刷有限公司印刷
*
开本：787×1092毫米　1/16　印张：11　字数：208千字
2015年9月第一版　2015年9月第一次印刷
定价：**45.00**元
ISBN 978-7-112-17893-3
————————————————————
　　　　（27093）

序言一

　　香山帮传统建筑营造技艺自 2006 年列入国家级非物质文化遗产项目至今已有 8 年，在这些年间，不仅香山帮技艺作为中华传统木结构技艺的重要组成部分于 2009 年列入世界非物质文化遗产名录，而且与香山帮技艺营造的苏州古典园林、传统建筑一起，赋予了我们当代香山帮人投身文化遗产保护、传承与传播的责任和使命。

　　近年来，在配合国家文化部"非物质文化遗产项目数字化保护数据库"建设的工作中，我深感苏州民族建筑学会、苏州市香山帮营造协会和香山工坊应该与国家有关部门同步摸索和建立起一套具有可操作性、有利于文化遗产保护科学、长久运行的工作机制，实现全国范围内非物质遗产资源的互通互享，物质遗产资源的研究存续。基于这样的思路，我们正在建立"一库"（资料数据库）、"一馆"（香山帮技艺博物馆）、"一系列"（香山帮建筑与技艺系列丛书）的系统工程。而《香山帮建筑图释》就是与"一库"和"一馆"的建设同步推进的一部香山帮建筑的图释类新著，它填补了已出版的香山帮建筑书籍中缺少直观、科学的图文词典的空白，使专业读者和广大建筑爱好者能够更便捷高效地解读香山帮建筑的形式与构造，也为非物质遗产香山帮技艺的学习和传承提供了一部教辅式手册。

　　在此要感谢中国建筑工业出版社责任编辑姚荣华女士和胡明安先生长期以来对本书的关心支持，特约编辑徐优的大力协助。本书历时三年方得以脱稿，也见证了出版方的耐心与信赖，正是有了作者和编者的协力，才为我国的文化遗产建筑出版事业再添了一块新砖。

冯晓东

2014 年 12 月于苏州

序言二

一

一座建筑通常是由诸多构件组合而成，因而这些构件就会拥有各种不同的名称。传统建筑之上构件更多，更何况由于过去人们的交往不及今天频繁，不仅各地的建筑构造存在着一定的差异，而且即便是同样的构件，称呼也未必一致，这就使得这些建筑中包含的名称变得十分驳杂。随着时代的推移，名称也在发生变化。在宋《营造法式》中，即便是最为基本的梁柱，其中也列出了多种不同的异名。所以今人感觉到要弄清这么多名称方能步入传统建筑学习的起点，往往就退缩了。

其实要理解传统建筑的构造并没有想象中的那么难，要记住无数个专门名称也不唯只有个别人方能做到，关键是需要有兴趣，且能够花费一定的功夫。记得在学生时代听过这样的一个故事，说有一位前辈，在其学习期间，为弄清古建筑，会利用假期背着一摞古建筑方面的专著，逐一进行对照、考察。正是有了如此的努力和一丝不苟的精神，奠定了他日后成为这一领域专家、权威的地位。

时过境迁，如今要求从事古建筑工作的人员去花时间理解古建筑的相关知识已经较为困难，更何况还有不少"爱好者"本身就有许多其他事物需要忙活，更难以抽出时间。有鉴于当今教育活动中提倡"图文并茂"，希望用图像来激发学生的兴趣，其效果似乎不错。那么编纂一本"图释"或许会对那些有意于古建筑却没有时间的人快速入门，会激发那些原先并不了解古建筑的人们对古建筑的兴趣。

二

在我国广大汉民族聚居地区，过去的建筑虽然普遍采用木构架体系，然而若细细观察，即会发现彼此之间存在着非常多的差异。究其原因，首先应归结为环境、气候的不同，而后世"因袭相承，变易甚微"的匠师传承制度又使各自的区别不断固化，造成了在构造及细部处理上的特色，从而也带来了无数极具个性的名称。

香山帮建筑是指苏州及其周边的传统建筑，故也可称作苏式建筑。在自然条件、经济、文化因素的长期作用下，逐渐形成了精致、典雅、含蓄的特征，所以 2006 年香山帮传统建筑营造技艺（377 Ⅷ— 27）与苏州御窑金砖制作技艺（382 Ⅷ— 32）被国务院、文化部批准确定为第一批国家级非物质文化遗产名录；2009 年我国的传统木结构营造技艺被列入了世界非物质文化遗产名录。作为非物质文化遗产组成部分之一的当地建筑术语、名称虽然更为抽象，但理所当然也必须和营造技艺一并得到保护，不然就会使这一遗产出现名实难副的问题。

曾经在之前编写相关书籍时，有人提议是否可将各地不同的专业名称予以统一，理由是诸如扬州所称的"火巷"、南京的"避弄"和苏州的"备弄"功能和位置都十分接近，需要采用统一的名称加以规范，若读者无法弄清书中所指，那么书籍就失去了编写的意义。此说应该不无道理，我们不能简单地用"文化本身就应是多样性的"或"越是民族性的就越发显现出世界性"一类的套话予以搪塞，重要的是将这些极具地方性的遗产进行必要的普及。《香山帮建筑图释》若能作为香山帮建筑知识普及的一种形式，让读者通过本书，对照图文，能将苏地传统建筑作为完整的遗产获得了解，也算基本达到目的了。

三

本书介绍的条目主要来源于两个方面，其一是姚承祖的《营造法原》、刘敦桢的《苏州古典园林》、陈从周的《苏州园林》等与苏州传统建筑有关书籍中的术语；另一是多年与当地匠师交往中所听得的名称，依据自己的理解予以阐释，并以此拍摄或绘制了相应的图片，以期能让读者作对应地了解，限于自己的理解，收入的条目未必齐全，自己的解释也可能存在讹误，本应一一核实，但限于条件，只能等待出版后请方家予以批评指正了。

雍振华
2014.12 于苏州

目　录

香山帮建筑图释

  香山帮建筑也可称作苏式建筑，是指苏州及其周边的传统建筑。由于自然条件、经济文化因素的作用，苏地传统建筑的形制、结构与其他地区有着明显的不同。在宏观上不仅与远方的传统建筑存在着巨大的差异，即便与邻近的扬州、徽州、杭州等地也有相当大的区别。甚至受工匠师承的影响，苏州与稍远的所辖县市在微观上、做法上，彼此也有各自的特征。从留存至今的香山帮建筑中，可以看到其具有结构紧凑、制作精良、色调和谐及布局机变等特点。它不同于北方建筑的雄壮、敦厚、浓重和规范；也有别于岭南建筑的轻盈、自在、开敞。这一方面是因为各地文化发展的不平衡，另一方面则源于当地长期以来形成的建筑传统。

1. 类型

香山帮建筑从等级上可以分为殿庭、厅堂和平房三类；在屋顶形式上可分为四合舍、歇山、三间两落翼、悬山、硬山、单檐、单坡、攒尖等；建筑又有单檐和重檐之分，而楼房虽有时也用两层屋面，但不称重檐，其下层称"腰檐"；那些建筑因位置、形式又有厅、堂、楼、阁、厢、榭、轩、舫、亭、廊之类的类型。

殿庭　是香山帮建筑等级最高的形制，相当于宋《营造法式》中的"殿堂"或清代官式建筑中的"大式建筑"，其尺度较大、结构复杂、装饰华丽，通常用于衙署、大型寺观以及一些纪念先贤的祠祀之中（图1-1）。

厅堂　较殿庭规模稍小、结构略微简洁，但仍有一定装饰的被称作厅堂，与宋《营造法式》中的"厅堂"相近，主要用于富裕之家，作为应酬、居住之处或宗祠、祭祀之所的主体建筑。其构造中梁的断面用矩形的称为扁作厅；用圆料则称圆堂（图1-2）。

平房　香山帮建筑中，最为普遍的大量性的建筑称平房。通常，平房也可解释为单层建筑，但这里所指是规模较小、结构简单、不用或极少使用装饰的建筑类型，与清代北方的"小式建筑"相类似，被大量用于普通民居和店铺、作坊之中。一些寺观、衙署、府邸的附属建筑往往也采用平房的形制，以突显主体殿庭、厅堂（图1-3）。

四合舍　殿庭建筑屋顶样式之一，为最高等级，四坡顶，用五条屋脊。似北方的"庑殿顶"，但不用"收山"处理。如今在苏州仅存一例，即府学（文庙）大成殿（图1-4）。

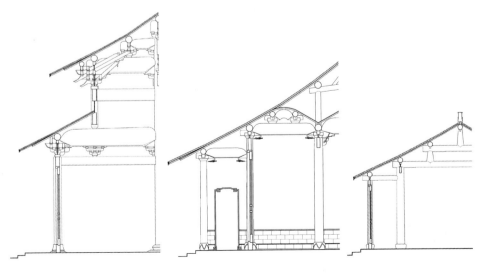

图1-1　殿庭（左）
图1-2　厅堂（中）
图1-3　平房（右）

　　歇山　殿庭建筑屋顶形式的一种，上部两坡，屋面挑悬于山花之外，似悬山；下部四坡，檐口四面兜通。如今苏地一些大型寺观中还常可见到，如玄妙观的山门、三清殿，西园寺的天王殿、大雄宝殿等等（图1-5）。

　　落翼　指四坡屋顶的殿庭左右两梢间。

　　五间两落翼　类似于七开间的歇山顶建筑，但不同于歇山顶的是上部两坡屋面止于山花，不出挑，与硬山顶相似。下部四坡，四面檐口兜通，山面坡顶与下部侧廊一致。苏州园林中的许多厅堂多用这样的屋顶，如留园的林泉耆硕之馆、拙政园的倚玉轩等（图1-6）。

　　悬山　即将桁头伸出山墙之外，上架屋面的屋顶结构形式。过去等级较低的传统建筑大多用土坯砖砌筑墙垣，将屋面伸出山墙就是为了保护墙体。随着用砖的普及，此类屋顶在今天已经较少见到（图1-7）。

　　硬山　明清时期，苏州地区城镇的迅速发展，城区人口剧增，用地紧张，所以这些地方的一般民居也逐渐使用砖墙，于是硬山建筑被广泛用于各类建筑之中。

图1-4　四合舍（左）
图1-5　歇山（右）

图1-6　五间两落翼
（左）
图1-7　悬山（右）

硬山是指山墙伸出屋面或止于屋面的一种屋顶形式，有用于殿庭的，如苏州文庙的明伦堂，更多的是用于各种厅堂和平房建筑（图1-8）。

单檐　普通建筑，包括等级不是最高的殿庭通常仅有一重屋面，即称之为"单檐"建筑（图1-9）。

重檐　等级较高的殿庭建筑，虽为单层，但使用二重出檐，称之为"重檐"建筑（图1-10）。

厅堂　厅与堂原先在功能上具有一定的差异，"古者治官之所谓之听事"，即厅也。而"当正向阳"之正室谓之堂。明清以降，建筑已无一定制度，尤其园林建筑，常随意指为厅，为堂。在江南，有以梁架用料进行区分的，用扁方料者曰"扁作厅"（图1-11），用圆料者曰"圆堂"（图1-12）。

对照厅　在苏州的中小园林中，常将厅堂坐北朝南，以争取最好的朝向。但受阳光逆射的影响，自北向南观赏山石花木时，常使山水层次减弱，尤其在夏日，更令景物变得朦胧模糊，因此稍大的园林就采用两厅夹一园的处理。南北两厅形

图1-8　硬山

图1-9　单檐

图1-10　重檐

图1-11　扁作厅

图1-12　圆堂

图1-13　鸳鸯厅

图1-14　四面厅

图1-15　府邸中的堂楼

制相同，中间凿池堆山，莳栽花木。北厅可南向观景，宜于秋冬；南厅则北向开敞，宜于春夏，江南称其为"对照厅"。

鸳鸯厅　园林稍大，有将厅堂居中，南北分别布置景物，南侧点缀峰石花木，进深较浅；北园掇山理水，园景深远，厅堂则体量较大，中以屏风门、纱槅、落地罩界分前后，以便随季节的变化而选用，苏州地区将这种建筑叫作"鸳鸯厅"（图1-13）。为示变化，鸳鸯厅的前后采用不同的梁架，一为圆料，另一为扁作，甚至室内的装修、家具、陈设都前后不同，以与构架相协调，使其形象与构造都似两厅合一。如留园的五峰仙馆等。

四面厅　在更大的园林或有四面观景需要者，则用"四面厅"，其两山面都用半窗（槛窗）取代实墙，使四面通透，以便周览。如拙政园的远香堂、网师园的小山丛桂轩等（图1-14）。

楼阁　楼阁在我国古代已属高层建筑，亦为园林常用的建筑类型。原初楼与阁分属两种不同的建筑类型。从功能上说，古有"楼以住人，阁以贮物"之言。此外在构造上还有"出檐长椽为楼，短椽为阁"的区别（图1-15、图1-16）。园林中另有一种单层的阁则完全不同于楼，一边就岸，一边架于水中，如苏州网师园的濯缨水阁、狮子林的修竹阁等（图1-17），极似南方山区的干阑式建筑，据推测此类水阁是由古代的阁道演变而来。

轩　从词义上看，"轩"有两种不同的涵义，一为"飞举之貌"；一为"车前高曰轩"。香山帮建筑的轩亦由此衍生而来，故一是指一种单体小建筑。计成以为，轩"宜置高敞，以助胜则称"。如留园的闻木樨香轩等常居高临下，可于下处仰望，似有升腾飞动之感（图1-18）。另一是指厅堂前部的构造部分（见后）。

榭　榭的原义是指土台上的木构之物，与我们今天所能见到的榭相去甚远。明代人计成的理解是："《释

（a）　　　　　　　　　　　　　　（b）

图 1-16　园 林 中 的
楼、阁
（a）楼;（b）阁

（a）　　　　　　　　　　　　　　（b）

图 1-17　园林中单
层的水阁

图 1-18　园林中的
轩（左）
图 1-19　园林中的
榭（右）

名》云，榭者籍也。籍景而成者也。或水边或花畔，制亦随态"。可见明清园林中
的榭并不以建筑的型制来命名，而是依据所处的位置而定。如水池边的小建筑可
称水榭，赏花的小建筑可称花榭等等（图 1-19）。

　　斋　洁身净心是为斋戒，所以修身养性的场所都可称其为"斋"，于是斋就没
有了固定的型制，燕居之室、学舍书屋均能名之为斋。现存的古典园林中称斋的
建筑亦各不相同。可以是一座完整的小园，亦可为一个庭院，如网师园的殿春簃

小院（原称书斋）（图1-20），更多的则为单幢小屋。尽管名斋的建筑各有所宜，但共同的特点就是环境幽邃静僻，能令人"气藏致敛"、"肃然斋敬"。

馆　《说文》将"馆"定义为客舍，也就是待宾客，供临时居住的建筑。古典园林中称"馆"的建筑既多且很随意，无一定之规可循。大凡备观览、眺望、起居、燕乐之用者均可名之为"馆"。一般所处地位较显敞，多为成组的建筑群。苏州拙政园的三十六鸳鸯馆、十八曼陀罗馆则是同一座厅堂的前后部分（图1-21）。

舫　舫原是湖中一种小船，供泛湖游览之用，常将船舱装饰成建筑的模样，画栋雕梁，故称"画舫"。江南古典园林水面狭小，不能荡桨泛舟，于是创造了一种船形建筑傍水而立，这就是"舫"。其形制一般基座用石砌成船甲板状，上部木构，呈船形（图1-22）。舱体通常又被分作三份，船头处作歇山顶，前面开敞，较高；中舱略低，作两坡顶，其内用槅扇分出前后两舱，两边设和合窗，用于通风采光；尾部作两层，似舵楼，上层可登临，顶用歇山形。如怡园画舫斋、拙政园香洲等。

旱船　筑于水中，仿船形的建筑物。同舫。也有建在庭园之中的仿船形的建筑，称旱船。

图1-20　殿春簃小院（左）
图1-21　三十六鸳鸯馆（右）

图1-22　画舫与旱船
（a）画舫；
（b）旱船

（a）　　　　　　　　　　　　　　（b）

亭 亭是园林之中数量最多的建筑。我国的古典园林可以说无园不亭，亭的主要功能是供游人作短暂的逗留，即《释名》所谓"亭者停也，人所停集也"。亭的体量大多较小，但形式相当丰富，就今天所能见到的，其平面有方形、圆形、长方、六角、八角、扇面等诸多形式，屋顶亦有单檐、重檐、攒尖、歇山等样式（图 1–23）。

廊 确切地说廊并不能算作独立的建筑，它只是一种狭长的通道，用以联系园中建筑而无法单独使用。廊能随地形地势蜿蜒起伏，其平面亦可屈曲多变而无定制，因而在造园时常被用作分隔园景、增加层次、调节疏密、区划空间的重要手段（图 1–24）。

（a）方亭

（b）六角亭

（c）扇亭

（d）外设地坪窗的亭构

（e）圆亭

图 1–23 各式亭构

边楼　园林之中，廊大多沿墙设置。或紧贴围墙，或将个别廊段向外曲折，与墙之间形成大小、形状各不相同的狭小天井，其间植木点石，布置小景。而在有些园林，为造景的需要也有将廊从园中穿越，两面不依墙垣，不靠建筑，廊身通透，使园似隔非隔。这样的空廊也常被用于分隔水池，廊子低临水面，两面可观水景，人行其上，水流其下，有如"浮廊可渡"。园林之中还有一种复廊，可视为两廊合一，也可以为是一廊中分为二，其形式是在一条较宽的廊子中间沿脊桁砌筑隔墙，墙上开漏窗，使内外的园景彼此穿透，若隐若现，从而产生无尽的情趣。随山形起伏的称爬山廊，有时可直通二层楼阁。另外还有一种上下双层的游廊，用于楼阁间的直接交通，或称边楼（图1-25），这在我国古代的早期则名之为复道，即古书所谓"复道行空"，故也称复道廊。

廒房　即仓房，堆食粮之所。若堆置货物则称栈房。

河棚　滨河的凉棚（图1-26）。

凉棚　户外搭架，上覆芦席，以遮阳取凉。

船舫　泊船之所。前面或四周开敞，上建屋顶。

图1-24　各式游廊

（a）曲廊

（b）廊桥

图1-25　两层的游廊（左）

图1-26　河棚（右）

2. 平面

传统建筑通常是由多个单体建筑组合成的建筑组群，多数单体建筑的平面都为简单的矩形，只有少数的建筑，如佛塔、亭构等会采用多边形平面。但由数座、十数座乃至数十座单体建筑经过组合，就形成了能满足不同要求的、变化多端的各类建筑。

间　四柱围合称作"一间"；房屋宽、深相乘之面积，为建筑计算数量之单位（图 2-1）。

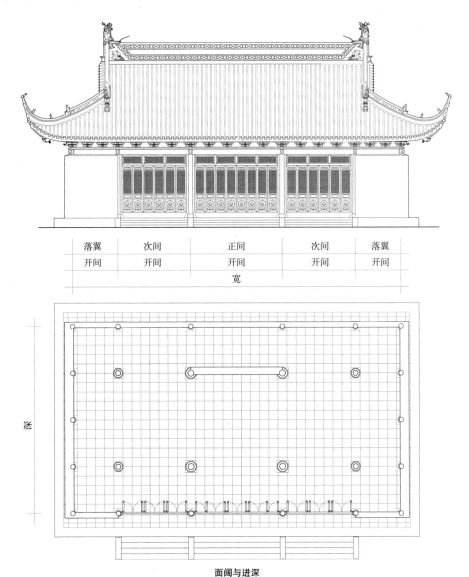

落翼	次间	正间	次间	落翼
开间	开间	开间	开间	开间
宽				

深

面阔与进深

图 2-1　平面中的各部分名称

宽 指建筑的通面阔，即房屋之长边（图2-1）。

深 指建筑的通进深，即房屋之短边（图2-1）。

面阔 建筑正面的宽度。亦名开间（图2-1）。

开间 房屋之宽，即"面阔"（图2-1）。

进深 房屋的前后距离（图2-1）。

界 两桁条之间的水平投影距离。为计算进深之单位。即北方所谓"步"。

正间 房屋正中之一间。北方称"明间"（图2-1）。

次间 房屋正间两旁之间（图2-1）。

一科印 天井旁塞口墙，如前、后、左，右相平者的称谓。

天井 前后两幢单体建筑间之空地（图2-2）。

正落 位于建筑组群中轴线上的房屋。

边落 建筑组群的次轴线（图2-3）。

左腮右肩 即三间两厢房，去其正间，次边间阔一丈二尺，除厢房八尺，所余四尺之处，名为"腮肩"（图2-4）。

（a）四面都设有窗户的天井

（b）天井中的正厅

（c）三面围墙的天井

（d）天井中的厢楼

（e）边落较开阔的天井

（f）天井旁的走廊

图2-2 天井

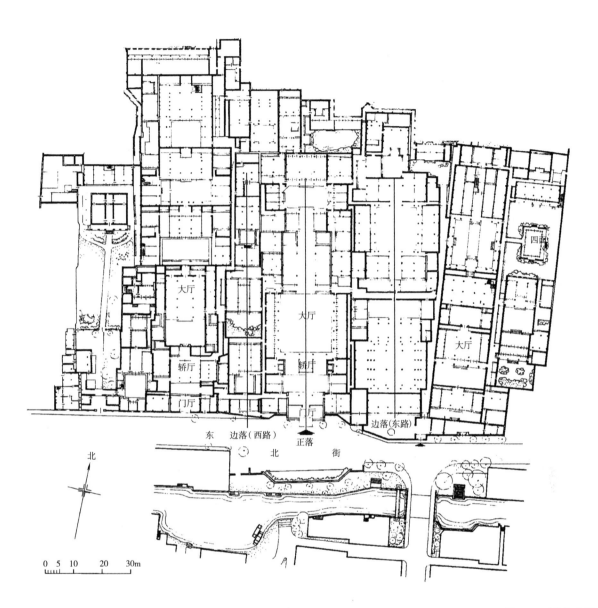

图 2-3　正落与边落
（摹自刘敦桢《苏州古典园林》）

拉脚平房　正房后附属之平房（图 2-5）。

备弄　亦称"更道"或"过道"，即建筑内部联系前后的次要交通道。通常被置于中路建筑和边路建筑之间（图 2-6），也具有防止火灾时左右建筑延烧的作用。

巷弄　狭小的街道，类似于北方的"胡同"（图 2-7）。

厢房　正房前后，左右相对的建筑，简称厢（图 2-8）。

厢楼　堂楼之前，与之垂直，左右相对的楼房（图 2-9）。

走马廊　前后堂楼间在楼层可以前后兜通的通道（图 2-10）。厢楼进深较大时可将其中的一部分作为走马廊，进深不大时则直接利用厢楼用于通行。

余侧　余地、侧地，不能横平竖直成方形的用地。

图 2-4　"左腮右肩"
（左）
图 2-5　"拉脚平房"
（右）

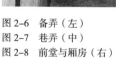

图 2-6　备弄（左）
图 2-7　巷弄（中）
图 2-8　前堂与厢房（右）

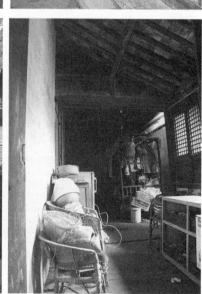

图 2-9　堂楼与厢楼（左）
图 2-10　走马廊（右）

3. 阶台

"阶台"是苏州地区对台基的俗称。

我国的传统建筑通常都有一个宽大的台基，其上承载着屋身和屋顶。从立面造型上看，由石材包砌的台基平直敦厚，安装着隔扇、栏杆和挂落的屋身空灵精巧，而屋顶则布满了大小各种曲线，于是彼此间形成了强烈的对比。简洁稳重的台基犹如一个基座，衬托着屋身的玲珑剔透以及屋顶的轻盈柔和，使每一部分的特征都得到了充分的显现。因此，在我国古代人们对台基的形式与尺度比例都十分注意，高等级的建筑其台基尺度较大；低等级的建筑其台基相对较为低矮，从而使整个建筑保持一种恰当的近似于完美的比例关系（图 3-1）。

当然台基还有其实际的功能，这就是作为建筑的基础。台基除地上部分外还有一部分埋于地下，建筑上部的所有荷载通过墙、柱以及延伸到台基之中的磉石和绞脚石传至地下。而台基的内部又用碎砖石、石灰按一定的比例拌匀，逐层铺垫夯实，形成了一个整体性很强的庞大的块状基础，从而能很好地抵御不均匀沉降的发生。另外高于室外地坪的台基可以防止雨水进入室内，而层层夯实的地层又能有效地阻止地下水的上升，因而保证了室内能有一个比较干燥的环境。

阶台、屋身与屋顶　　　0 200 400 600 800 1000mm

图 3-1　建筑与阶台的关系

　　阶台　即"台基"，是以砖、石砌成的平台，上立建筑物（图 3-2）。

　　金刚座　露台外缘作凹、凸形装饰线脚，也称"须弥座"，是一种高等级的台基（图 3-3）。

　　露台　庙宇等殿庭建筑之前的矩形平台，较台阶低一级台阶。园林厅堂前也常常设置露台，以作赏景之用。也有称作"平台"（图 3-4）。

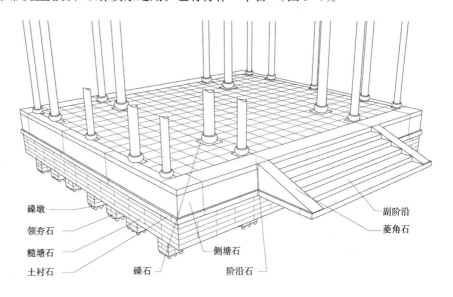

图 3-2　阶台构造

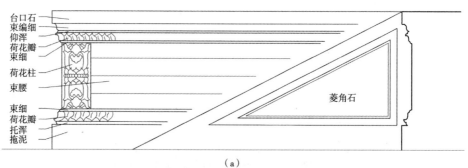

（a）

图 3-3　金刚座
（a）立面；
（b）实例

（b）

（a）　　　　　　　　　　　　　　（b）

开脚　建造房屋基础时的掘土工作。

拥脚土　用作填实基础坑槽的泥土。

领夯石　基础最下层铺三角石，以木夯夯实，谓之领夯石。

坝桩　筑坝用的木桩（图3-5）。

盖桩石　砌于驳岸石桩或木桩上第一皮石料。

驳岸　沿河叠石砌筑，中填塘石、泥土以为河岸（图3-6）。

挑筋石　挑出于驳岸之外的石条，作河埠或其他之用（图3-7）。

一领一叠石　基础形式，于领夯石上叠石一皮。二皮者称一领二叠石。

阶沿　厅堂或平房沿阶台（台基）四周顶端包砌的条石。也称"阶条石"、"阶沿石"（图3-8）。

踏步　上下厅堂或平房的台阶（图3-9），亦名踏垛，即今天通称的台阶。通常不用菱角石（垂带），有时与建筑面阔同宽。

台口石　殿庭建筑阶台（台基）口所包砌之石（图3-10）。在须弥座中即为"上枋"或"地栿"。

图3-4　露台
（a）正殿前的露台；
（b）小殿前的露台

图3-5　坝桩

图3-6　驳岸

图3-7　挑筋石

阶沿石　　　副阶沿

（a）阶沿石与副阶沿（正间）

（b）阶沿石与地坪窗（次间）

（c）天井转角处阶沿石的处理

（d）露台的阶沿石

图 3-8　阶沿石

图 3-9　阶沿与踏步

图 3-10　台口石

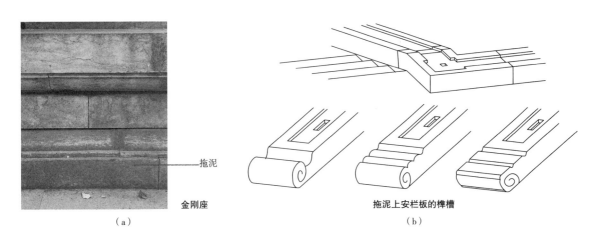

拖泥

金刚座

（a）

拖泥上安栏板的榫槽

（b）

拖泥　金刚座（须弥座）下部与地面相接的枋子（图3-11），也称"下枋"。

荷花瓣　露台金刚座（须弥座）上圆形线脚，似北方所谓"上枭"和"下枭"，讲究的会刻上荷花瓣装饰的，与北方所说的"仰莲"、"覆莲"近似（图3-12）。

宿腰　金刚座（须弥座）中部，上下荷花瓣间的平面部分（图3-12）。

副阶沿石　主要指两侧安菱角石（垂带）的台阶（图3-13）。

御路　殿庭露台之前，踏步中央，不作阶级状台阶，而雕以龙凤等花纹的部分（图3-14）。

礓磋　上下阶台所使用的坡道。其斜面用砖露棱侧砌，或将石料凿成锯齿形（图3-15）。

图3-11　拖泥
（a）位置；
（b）安装

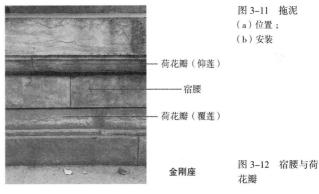

荷花瓣（仰莲）

宿腰

荷花瓣（覆莲）

金刚座

图3-12　宿腰与荷花瓣

图3-13　副阶沿

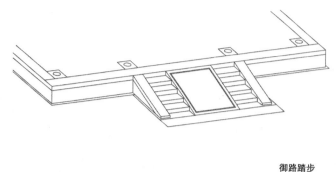

御路踏步

图 3-14　御路

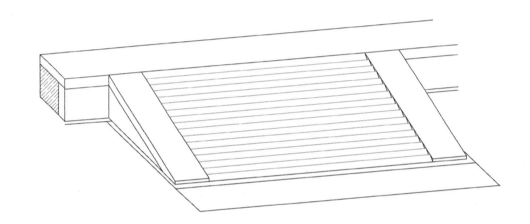

图 3-15　礓磋

阶沿石

侧塘石

土衬石

图 3-16　侧塘石

垂带石

菱角石

图 3-17　殿庭建筑中的垂带石和菱角石

土衬石　基础出土处，四周所砌之石（图 3-15）。

侧塘石　阶台及驳岸外侧，侧砌的条石（塘石）（图 3-16）。北方称"陡板"。

月台　楼上作露天平台，称"月台"。

垂带石　殿庭建筑台阶踏步两旁斜置的条石（图 3-17）。

菱角石　殿庭建筑台阶踏步两旁，填于垂带石下部的三角石料（图 3-18），似

（a）

（b）

（c）

（d）

图 3-18　厅堂建筑的菱角石
（a）踏步两侧的菱角石；
（b）菱角石外侧；
（c）菱角石内侧；
（d）厅堂建筑的菱角石

（a）

（b）

图 3-19　鼓磴
（a）圆柱鼓磴；
（b）方柱鼓磴

北方所谓象眼。在厅堂建筑中台阶踏步两旁，因阶台不高，垂带和菱角石合二为一，仅用一三角形块石，亦称"菱角石"（图 3-18）。

　　鼓磴　柱脚底与磉石间的石础（图 3-19）。主要是指状如铜鼓的柱础。也有将其他形状的，如榫形、覆盆形等的柱础统称为鼓磴。

　　石楯　即形柱础（图 3-20）。早期也有使用木料制作的。

图 3-20　石磉
（a）~（d）木鼓磴；（e）~（g）楯形石础

（a）建筑中所见形象

（b）施工中的情况

图 3-21　礩石

（a）直接立柱

（b）柱脚加木鼓磴

（c）上添石鼓磴

图 3-22　荸底礩石

礩石　鼓磴之下的方石，高与阶沿石平（图 3-21）。北方称"柱顶石"。

荸底礩石　礩石上部隆起如荸荠状（图 3-22），类似于"覆盆柱础"。

边游礩石　边贴柱下的礩石（图 3-23）。

柱础　柱底的基础，包括礩石下的石基。

地坪石　或称"地坪"。铺于露台、石牌坊地面的石板（图 3-24）。

图 3-23　边游礩石
（左）
图 3-24　地坪石
（右）

花街铺地   以砖、瓦、石片等铺砌地面，构成各式图案（图3-25）。

人字铺地   以黄道砖等砖料铺砌的地面（图3-26）。

冰文铺地   用碎石板铺砌的地面（图3-27）。

石板天井   地面用规整条石铺砌的天井（图3-28）。

方砖地坪   用规整的水磨方砖铺砌的室内地面（图3-29）。

滚场   滚轧空场。也就是用石磙碾压庭院场地，令其平整、结实。

（a）   （b）   （c）

（d）   （e）   （f）

（g）   （h）   （i）

图3-25   各式花街铺地

图 3-26　人字铺地
（左上）

图 3-27　冰文铺地
（左下）

图 3-28　石板天井
（右）

（a）老宅地坪　　　　　　　　　　（b）新宅地坪

图 3-29　方砖地坪

4. 构架

我国的传统建筑大多采用木构架作为承重结构，其原因是木料的取用比较容易，施工也十分快捷。在古人的心目中建筑与车舆服饰一样，是一种可以随时更换的东西，而不求永存，当他们的社会地位或经济条件一旦有所提高时，首先想到的就是翻建或重葺自己的居宅，更有诸多改朝换代的帝王在获取统治权以后不久，即有大兴土木，崇饰宫殿之举，而木料的易加工性正好迎合了人们希望"立竿见影"的心理要求，因此数千年来木料就成了最主要的建筑用材，而长期的发展演进又使木构建筑的型制逐渐规范，构造也日趋合理，并使之成为我国传统建筑的一大特色。

大木　苏地过去曾将一切建造房屋的木作称之"大木"，包括做装修。今天仅指梁、枋、柱、桁等构架的加工、制作、装配部分（图4-1）。

草架　凡轩及内四界，铺重椽，作双层屋面时，介于两重屋面间的架构。因其不被看见，故加工不需过于精细（图4-2）。

提栈　为使屋顶斜坡成曲面，将每层桁较下层比例加高的方法，类似于宋式建筑的举折或清式建筑的举架（图4-3）。

图4-1　大木构架

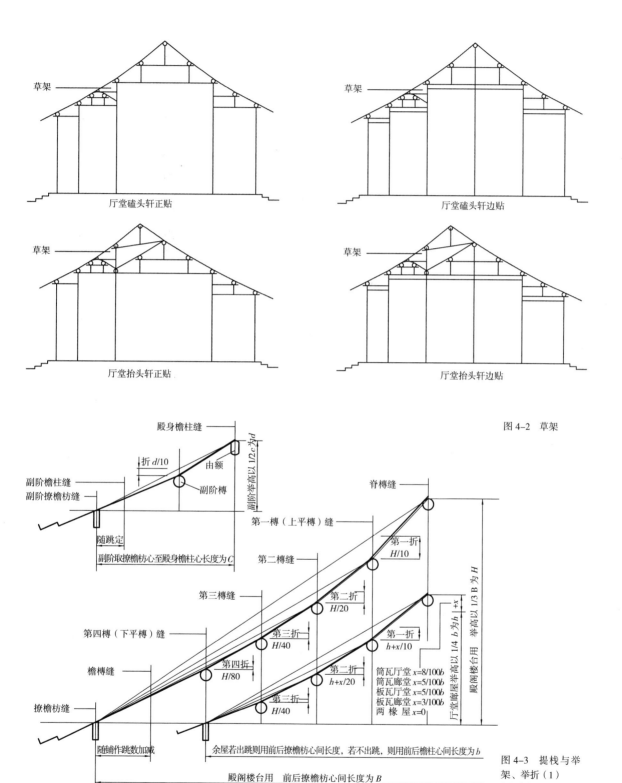

厅堂磕头轩正贴

厅堂磕头轩边贴

厅堂抬头轩正贴

厅堂抬头轩边贴

图 4-2　草架

殿身檐柱缝

折 d/10

由额

副阶檐柱缝
副阶撩檐枋缝

副阶槫

随跳定

副阶取撩檐枋心至殿身檐柱心长度为 C

副阶举高以 1/2 c 为 d

脊槫缝

第一槫（上平槫）缝

第一折
H/10

第二槫缝

第三槫缝

第二折
H/20

第四槫（下平槫）缝

第三折
H/40

檐槫缝

第四折
H/80

第一折
h+x/10

第二折
h+x/20

筒瓦厅堂 x=8/100b
筒瓦廊堂 x=5/100b
板瓦厅堂 x=5/100b
板瓦廊堂 x=3/100b
两　椽　屋 x=0

第三折
H/40

撩檐枋缝

随铺作跳数加减

余屋若出跳则用前后撩檐枋心间长度，若不出跳，则用前后檐柱心间长度为 b

殿阁楼台用　前后撩檐枋心间长度为 B

（宋）举折之制

厅堂廊屋举高以 1/4 b 为 h　+x

殿阁楼台用 举高以 1/3 B 为 H

图 4-3　提栈与举
架、举折（1）
（a）举架；

（a）

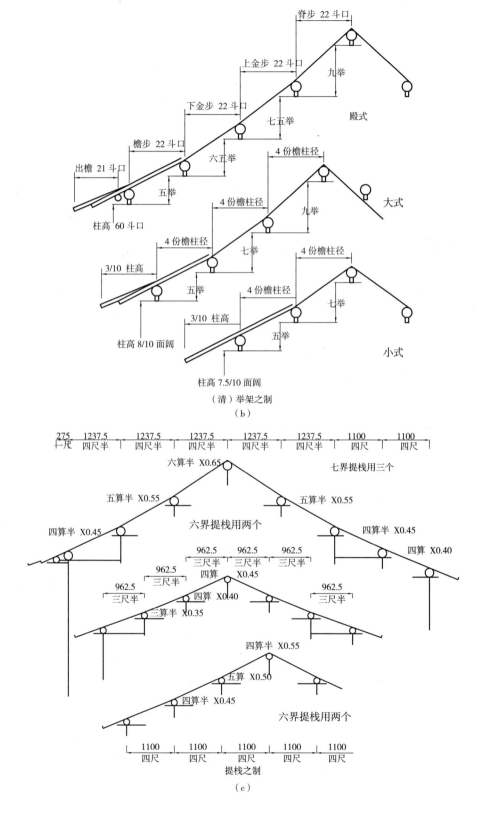

图 4-3 提栈与举
架、举折（2）
（b）举架；
（c）提栈

贴式　建筑的架构。如梁、柱等的构造样式（图4-4）。

正贴　正间（明间）两侧的架构（图4-5）。

边贴　位于山墙之内的梁架（图4-6）。

内四界　江南建筑，常连络四界以承大梁，下支两步柱，此间的位置（图4-7），即名"内四界"。

轩　厅堂的一部分，深一界或二界，其屋顶架重椽，作草架（假屋面），使内部对称（图4-8）。

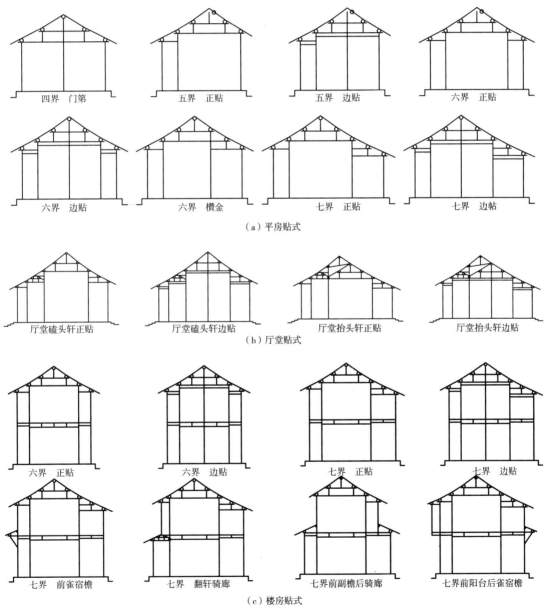

（a）平房贴式

（b）厅堂贴式

（c）楼房贴式

图4-4　贴式

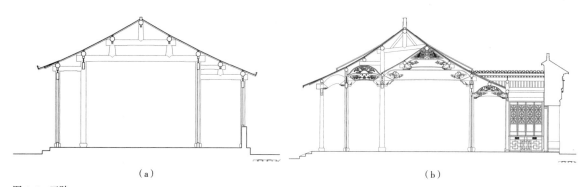

（a）　　　　　　　　　　　　　　　　　　　　　（b）

图 4-5　正贴
（a）圆堂正贴；（b）扁作厅正贴

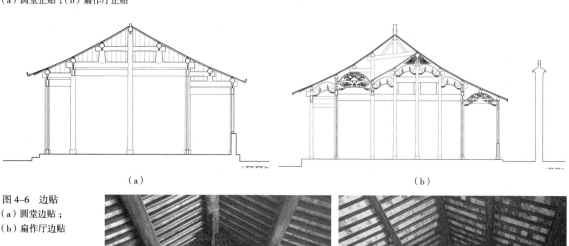

（a）　　　　　　　　　　　　　　　　　　　　　（b）

图 4-6　边贴
（a）圆堂边贴；
（b）扁作厅边贴

图 4-7　内四界　　　　　　　（a）扁作　　　　　　　　　　　（b）圆作

图 4-8　前轩　　　　　（a）构造　　　　　　　　　　　（b）细部

后双步　在后步柱之后常设置深二界的空间（图4-9），步柱与后檐柱之间用双步梁、短川联接，此间位置称"后双步"。

骑廊轩　楼厅前部，底层做深两界的前轩，楼层设深一界的前廊，上廊柱下端架于楼下轩梁上，其贴式名为骑廊轩（图4-10）。

硬挑头　以梁或承重（楼板梁）的一端挑出，承阳台或雨搭，谓之硬挑头（图4-11）。

软挑头　于檐柱上部支一斜撑，以承挑上部的腰檐檐口或楼层出挑的雨挞。挑腰檐屋面的与雀宿檐同。

雀宿檐　以软挑头承腰檐屋面，大多用于的出挑（图4-12）。

柱　直立承受上部重量的木构件（图4-13）。

童柱　置于梁上的短柱（图4-14），亦名"矮柱"，或"瓜柱"。即北方所谓"蜀柱"

廊柱　位于廊下，支承屋檐的柱子。

步柱　廊柱后，上承大梁的柱子。北方称"金柱"或"老檐柱"。

轩步柱　廊柱与步柱间，增添一到两界，作翻轩，所加立的柱子。即为轩步柱。

川童柱　双步上所立的童柱，其上端架川，以承桁条（图4-15）。

金童柱　亦名"金矮柱"、"金瓜柱"，童柱之位于金桁下者。金童柱加多时有上童柱、下金童柱之分（图4-16）。

金柱　脊柱与步柱间之柱。

图4-9　后双步（左）
图4-10　骑廊轩（右）

（a）　　　　　　　　　　　　　　（b）

（c）　　　　　　　　　　　　　　（d）

图4-11　硬挑头

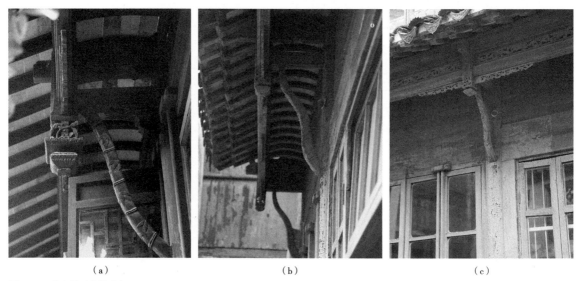

（a）　　　　　　　　（b）　　　　　　　　（c）

图4-12　雀宿檐（软挑头）

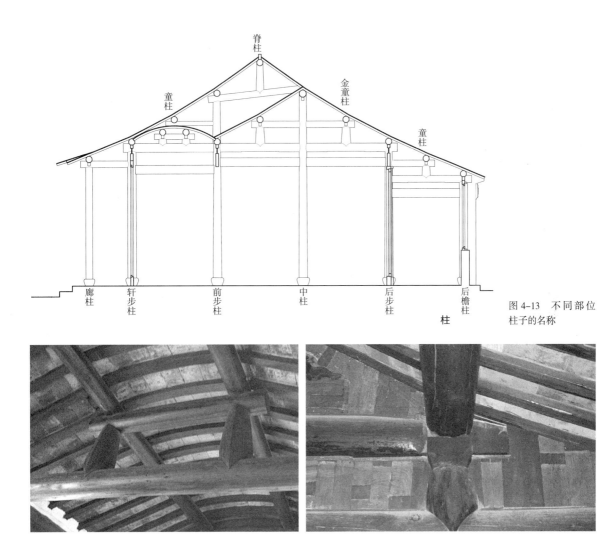

图 4-13　不同部位柱子的名称

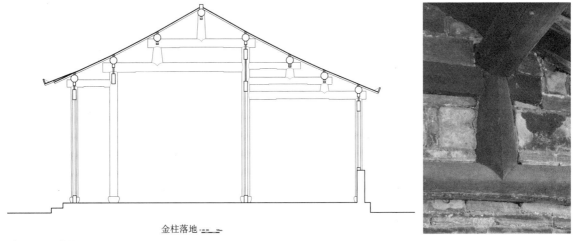

图 4-14　童柱

图 4-15　川童柱

金柱落地

图 4-16　金童柱

　　拈金　厅堂内四界以后金柱落地，前作三界大梁，上架山界梁。后易短川为双步；改后双步为三步，称此金柱为"拈金"（图4-17）。

　　脊柱　边贴中承脊桁之柱。

　　脊童柱　屋脊下的短柱，多用于正贴。也称脊瓜柱。

　　荷花柱　亦名垂莲柱，即花篮厅之步柱不落地，所代之短柱，一般在其下端雕有莲花或花篮（图4-18）。

　　梁　梁同樑，下面有二点以上的支点，上面负有荷载之横木（图4-19）。

　　大梁　架于两步柱上之横木，为最长柁梁的简称。

　　四界大梁　两步柱之间，深四界，两柱上所架的柁梁（图4-20）。简称"大梁"。

　　山界梁　位于大梁之上山尖处，进深二界的柁梁，北方称"三架梁"（图4-20）。

　　轩梁　位于前轩的大梁，一端插入步柱上部。另一端架在轩步柱头上（图4-21）。类似于月梁。

　　荷包梁　轩梁及回顶三界梁上之短梁，中弯起作荷包状（图4-21）。

图4-17　拈金

图4-18　荷花柱

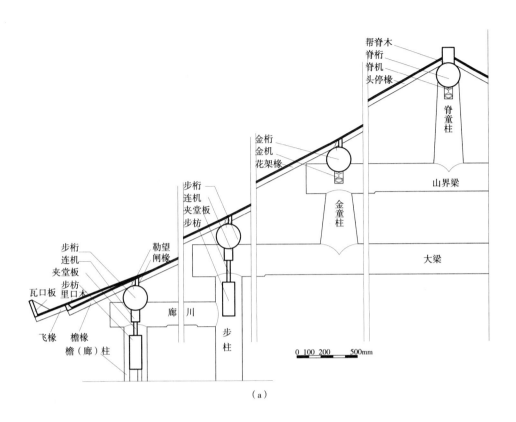

（a）

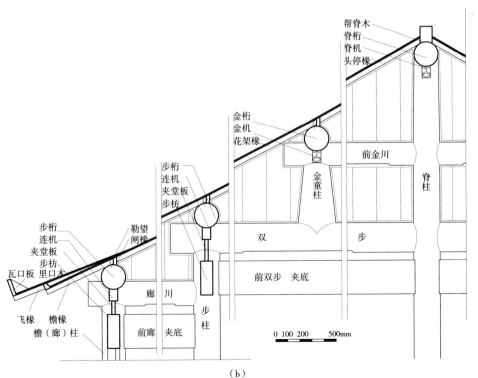

（b）

图 4-19 各种梁
（a）圆作屋架正贴梁架；
（b）圆作屋架边贴梁架

（a）早期挖底较深　　　　　　　　　　　（b）晚期挖底平直

图 4-20　四界大梁与山界梁

（a）构造　　　　　　　　　　　　　　　（b）细部

图 4-21　轩梁与荷
包梁

承重　承托楼板重量的大梁（图 4-22），或称"楼板梁"。在后双步时称双步承重。

搁栅　架于楼板承重（楼板梁）之上，承载楼板（图 4-22）。类似于今天建筑中的次梁。

千金　塔内承托塔刹的承重横梁。

门限梁　用于骑廊轩，梁之架于下层廊柱、步柱之间。上立上层廊柱者。

担檐角梁　攒尖顶建筑的屋面转角处，老戗之上的角梁。也称"由戗"。

梁垫　扁作厅中，垫于梁端下部，连于柱内的木构件（图 4-23）。

蜂头　梁垫的前部。上雕以花卉植物，有牡丹、金兰、佛手等；云头前端加工成尖形的合角，亦名蜂头（图 4-24）。

川　长一界之桉梁，一端承桁，一端连于柱（图 4-25）。位于廊的谓"廊川"：位于双步之上的称"短川"，或简称"川"。清代北方称之为"抱头梁"。

短川　川或作穿，是联系两柱的横梁，长一界，一端架于柱上，承桁，另一端插在柱内（图 4-25）。类似于北方的抱头梁或挑尖梁。

（a）厢楼的承重与搁栅

（b）边贴的承重与搁栅

（c）正贴的承重与搁栅

（d）细部

图 4-22　承重与搁栅

图 4-23　梁垫

（a）与梁的关系　　　　　　　　　　　（b）与柱的关系

图4-24　蜂头

（b）扁作后双步与短川

（a）仅用短川夹底　　　　　　　　　　（c）厅堂中双步、短川的位置

图4-25　短川与双步

（d）金川　　　　　　　　　　　　　（e）廊川

眉川　扁作厅堂中的短川，似眉形而弯曲（图4-26）。亦称"骆驼川"。

双步　连两界，一端架于柱端，上承桁，另一端插于柱的上部，双步中置川童（短柱）。殿庭内四界后亦称双步（图4-25）。

枋　断面为矩形，起拉接作用的构件。

图4-26　眉川

廊枋　开间方向联系廊柱的枋木。若无前廊，亦称檐枋（图4-27）。北方称额枋。

步枋　步柱上起联系作用的枋子（图4-28）。北方称"金枋"。

楣枋　廊枋的一种，为加强装饰效果，枋背略微拱起，枋底作挖底处理，枋面还会施用雕饰（图4-29）。

承椽枋　两步柱之间的枋子，以承搁重檐建筑下檐椽头的上端（图4-30）。圆形断面的称"梓桁"。

夹底　用于川或双步之下，并与之平行的辅材，断面为长方形。有川夹底及双步夹底之别（图4-31）。类似于北方的"穿插枋"。

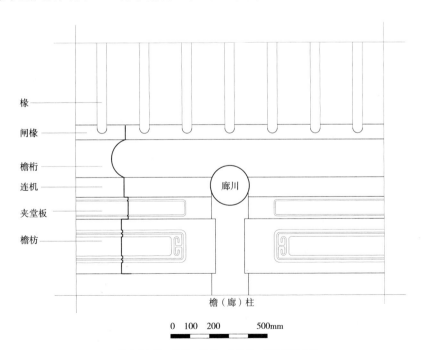

椽
闸椽
檐桁
连机
夹堂板
檐枋

廊川

檐（廊）柱

0　100　200　　　500mm

檐（廊）柱、檐桁、连机、夹堂板、檐枋等配合图

图4-27　廊枋

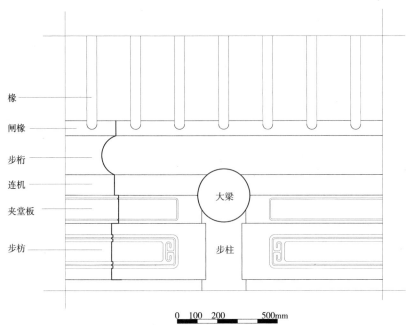

图 4-28　步枋

步柱、步桁、连机、步枋等配合图

图 4-29　楣枋

（a）结点　　　　　　　　　　　　　　（b）造型

图 4-30　承椽枋

（a）正面　　　　　　　　　　　　　　（b）侧面

川夹底　北方称"穿插枋"，位于川下，断面呈长方形，拉结两柱以增强联系，仅用于边贴（图4-32）。

斗盘枋　檐枋之上，承托坐斗的枋（图4-33）。类似清式"平板枋"。若斗盘枋上不置斗，则称"定盘枋"。

四平枋　亦称"水平枋"，即步枋及随梁枋之下，再加设的枋子，四周相平（图4-34）。

（a）扁作双步夹底　　　　　　　　　　　（b）圆作的双步夹底

图4-31　夹底

（a）　　　　　　　　　　　　　　　　　　（b）

（c）

图4-32　川夹底
（a）眉川与夹底；（b）、（c）川夹底

图 4-33   斗盘枋

拍口枋   上面直接置桁的枋子（图 4-35）。

随梁枋   俗名"抬梁枋"，在大梁下，与大梁平行之枋（图 4-34）。

桁   架于梁端或牌科、脊童柱之上，承椽之圆木（图 4-36），北方称"檩"。少数也有断面呈矩形的，如承托出檐椽的梓桁（承椽枋）、一枝香轩、菱角轩、鹤胫轩、扁作船蓬轩上的轩桁等。

廊桁   架于廊柱上的桁条。似清式建筑中的正心桁。

上廊桁   北方称"老檐（檩）桁"，位于重檐廊柱之上的桁。

轩步桁   轩步柱上的桁条（图 4-37）。

步桁   步柱上的桁条。北方称"金桁"。

金桁   金柱上承之桁条（图 4-38）。金童柱增多时，以其前后而名为下金桁、上金桁。

脊桁   脊柱上的桁条（图 4-39）。

梓桁   或称挑檐桁，挑出廊柱中心之外，位于牌科或云头上的桁条（图 4-40）。

山雾云   屋顶山界梁上空处，插于斗六升斗栱两旁的木板。表面雕刻流云、仙鹤等装饰性高浮雕（图 4-41）。

抱梁云   位于梁的两旁，架于升口，抱于桁两边的雕刻花板（图 4-42）。

泼水   凡山雾云、抱梁云、嫩戗、水戗等其上部向外倾斜，所成之斜度。

山花板   歇山式殿庭建筑屋顶两侧的山尖内，以及厅堂边贴山尖内，所钉之板（图 4-43）。

垂鱼   博风合角处之装饰，作如意形（图 4-44）。

囊里   每界之间分隔的木板。

抬头轩　轩与内四界结构方式的一种。即轩梁之底，与内四界大梁之底相平（图 4-45）。

磕头轩　轩的一种。其结构是将轩的高度降低于四界大梁之下（图 4-45）。

茶壶档轩　轩式之一种，其轩椽弯曲似茶壶档（图 4-46）。

弓形轩　前轩形式的一种，其轩梁弯曲若弓（图 4-47），故名。

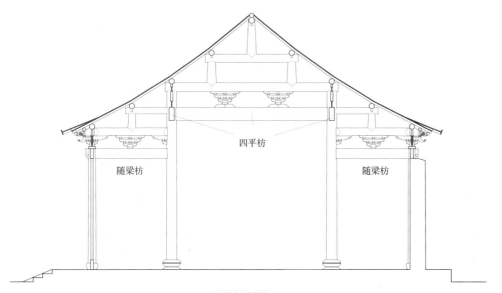

四平枋与随梁枋　0　500　1000　1500　2000　2500mm

（a）

图 4-34　四平枋与随梁枋
（a）四平枋与随梁坊；
（b）四平枋

（b）

图 4-35　拍口枋与檐桁

图 4-36　桁条

图 4-37　轩桁与步枋

图 4-38　金桁与脊桁

图 4-39　脊桁

图 4-40　梓桁

（a）无抱梁云

（b）有抱梁云

图 4-41 山雾云

（a）

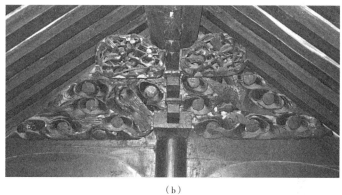
（b）

图 4-42 抱梁云

图 4-43 山花板

图 4-44 垂鱼

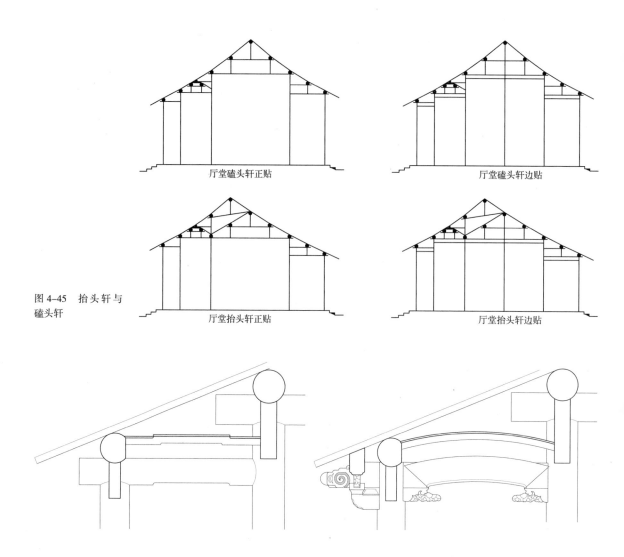

图 4-45 抬头轩与磕头轩

厅堂磕头轩正贴

厅堂磕头轩边贴

厅堂抬头轩正贴

厅堂抬头轩边贴

图 4-46 茶壶档轩
（左）
图 4-47 弓形轩（右）

一枝香轩 轩的形式之一。深一界，其轩梁上当中置有一轩桁（图 4-48）。

船蓬轩 轩式之一种，其顶椽弯曲似船顶（图 4-49），故名。

菱角轩 轩式之一种，其弯椽弯曲如菱角形（图 4-50）。

鹤胫轩 轩式之一种，轩的弯椽作鹤胫形（图 4-51）。

副檐轩 楼房底层，廊柱与步柱间所作的翻轩。上复腰檐屋面，楼层檐柱立在轩梁上。

楼下轩 堂楼楼层檐柱与下柱齐，腰檐仅用进深较小的挑出雀宿檐，底层翻轩与楼层前廊位置一致。

遮轩板 用于磕头轩内，四界之前，为遮挡前轩屋顶草架构造的木板。

云头 梁头伸出廊桁外，雕成云形纹样，以承桁条（图 4-52）。另在十字科的栱头也作云头装饰，称云头。

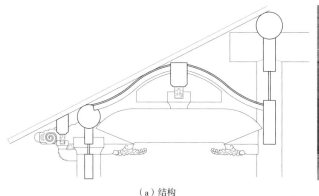

（a）结构

（b）实景

图 4-48　一枝香轩

机　位于桁下，平行于桁条的小木枋，因表面所雕花纹式样之不同，名水浪机、蝠云机、金钱如意机、滚机等（图4-53）。

连机　位于桁下，与桁条平行通长的小木枋（图4-54）。倘其短者名为"机"或"短机"。

滚机　即"花机"。短机之上雕花卉者称滚机（图4-55）。

椽　桁条之上架设的木条，上桁承望砖或望板，断面呈圆或方形（图4-56）。

头停椽　也称"脑椽"，介于脊桁与金桁间的椽子（图4-57）。

顶椽　架于回顶建筑两脊桁之上以及船蓬、菱角、鹤胫轩两轩桁上的弯椽（图4-57）。也称"蝼蝈椽"。

花架椽　金桁与步桁间的椽子。有上、中、下花架椽之分。

出檐椽　也称"檐椽"，架于步桁、廊桁之间的椽子，下端伸出于檐外（图4-58）。若为重檐则有上、下出檐椽之分。

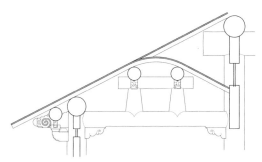

（a）圆作船蓬轩

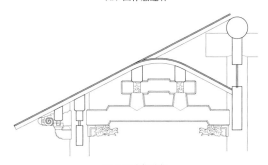

（b）贡式船蓬轩

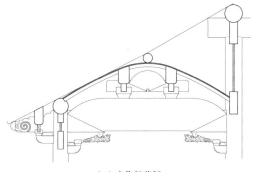

（c）扁作船蓬轩

图 4-49　船蓬轩

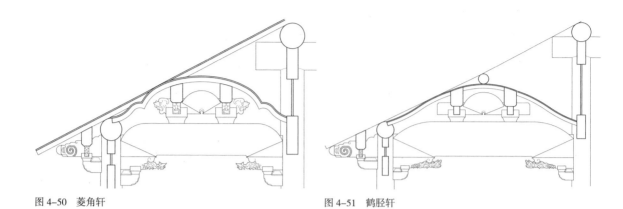

图 4-50 菱角轩　　　　　　　　　　　图 4-51 鹤胫轩

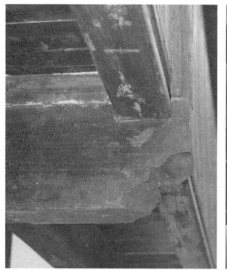

图 4-52 云头

图 4-53 连机

图 4-54 机

图 4-55 滚机

飞椽　殿庭或厅堂出檐较深，檐椽之上往往要再钉一层椽子，即飞椽。椽端伸出，稍翘起，可以增屋檐出挑之长度（图4-58）。

椽豁　两椽间空档。

帮脊木　脊桁上通长的木条，与桁平行叠合，以提高桁的承载能力。

图4-56　椽

博风板　悬山或歇山屋顶两山尖处，随屋顶斜坡所钉之木板。木板前后并列，下缘与屋顶斜坡平行，钉于桁端（图4-59）。也称博缝板。

图4-57　顶椽与头停椽

图4-58　檐椽与飞椽

（a）落翼上的博风板

（b）悬山上的博风板

图4-59　博风板

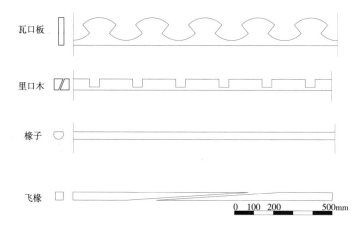

图 4-60 瓦口板与
里口木

瓦口板　也称"瓦口"，钉于檐口，锯成瓦楞状之木板，以安置檐口的瓦片及封护其间空隙（图 4-60）。

里口木　位于出檐椽与飞椽间的木条，以补椽间之空隙者（图 4-60）。用于立脚飞椽之下者名"高里口木"。

闸椽　椽与桁条的缝隙处所钉的木条。

眠檐　俗称面沿，钉于出檐椽或飞椽端头的扁方木条，厚同望砖，可防望砖下泻。亦称连檐。

勒望　钉于界椽上，以防望砖下泻的通长木条，与眠檐相似。

椽稳板　椽与桁之间的空隙处所钉的通长木板条。

按椽头　钉于头停椽上端通长的木板，厚约半寸。

摘檐板　也称"摘风板"，位于檐口瓦下，钉于飞椽头上的木板。

夹堂板　连机与枋子之间的木板，厚约半寸，中置蜀柱分隔（图 4-61）。窗户两横头料间的木板，亦称夹堂板。北方称"垫板"、"绦环板"。

地板　地面所铺的木板，与地搁栅成直角。

楼板　楼面所铺的木板，架于搁栅与承重（即楼板梁）之上。

楣板　川或双步与夹底间所镶的木板，厚约半寸。

蜀柱　分隔夹堂板之短木柱。

雨挞　或称"雨搭"，墙外伸出部分（图 4-62），可以避雨，又地坪窗栏杆外所钉的木板。

鳖壳　回顶建筑山尖部分的结构。顶椽用圆弧形弯椽，上安置望板、脊桁（图 4-63）。

对脊搁栅　对脊处所用之搁栅。

龙筋　攀脊内横置的木料，以增坚固。

看面　构件正面。

段柱　以数块木材拼合成的柱，有二段合、三段合之称。

段　方木称之"段"；另外木长丈五，丈七去梢者亦称之为"段"。

剥腮　亦称"拔亥"，扁作梁的两端，两面较梁身锯去各五分之一，称剥腮（图4-64）。使梁端减薄，以便架置于坐斗或柱中。

挖底　梁、双步、川的底部，自腮嘴外向上挖去部分。

机面线　自机面至梁底的距离，此线是构件定位和确定用料的基准。

川口仔　或称"穿口仔"，即柱顶所开之口仔，用以架川梁。有限位的作用。

图 4-61　夹堂板

图 4-62　雨挞

箍柱头口仔　或称箍头，为梁端前后凿成圆弧形，中部相连的口仔，以便架于柱头（图 4-65）。口仔顶面锯出桁碗以承桁条。

留胆　梁端开刻桁碗，中留高宽约寸余的木块，称留胆。与桁端下面凿去部分相吻合。

开刻　梁端挖凿桁形之槽，中留高宽各寸余的木块，此槽称开刻。北方称"桁椀"。

回椽眼　桁及枋上所凿之眼，以承轩中的弯椽。

聚鱼合榫　两枋端部，在柱内呈相互交错之榫，似聚鱼状（图 4-65）。

鞠榫　榫的一种。榫端略大，榫尾内收，用以相互钩搭结合。呈鸽尾状或定胜形（图 4-65）。又称"羊胜势榫"，类似今天的燕尾榫。

全眼与半眼　榫眼凿通者为全眼；凿一半深度不通者为半眼。与透榫、半榫配合使用（图 4-65）。

阳台　楼面挑出半界，可临空凭拦向阳。

塔心木　佛塔顶层正中自下至顶直立的木柱，也有贯通于佛塔上部两层甚至三层的。

贡式厅　厅内构架形式之一，用扁方形木料。挖其底，使之屈曲呈软带状，做法与用圆料者相仿（图 4-66）。

花篮厅　厅堂的步柱不落地，代以垂莲柱。柱悬于通长的枋子或于草架内的大料上。柱下端常雕以花篮，故名花篮厅（图 4-66）。

满轩　厅堂梁架贴式完全以轩的形式组合者（图 4-67）。

图 4-63　鳖壳

图 4-64　剥腮

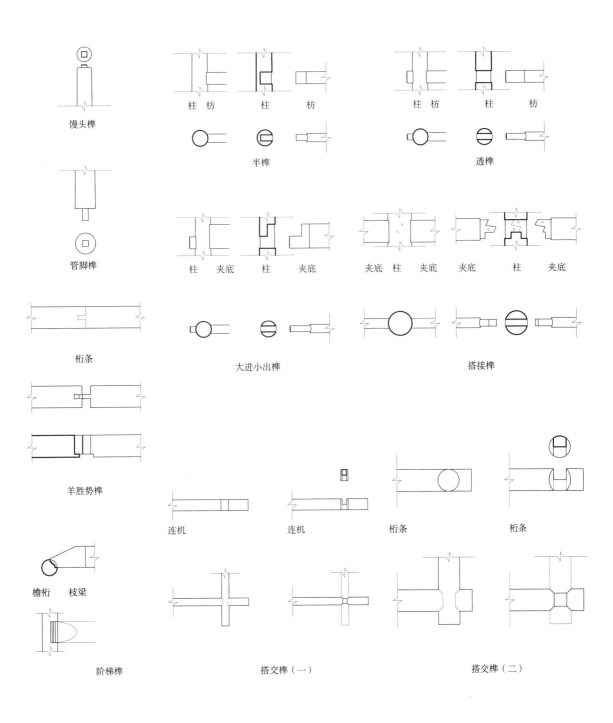

图 4-65　各种榫卯

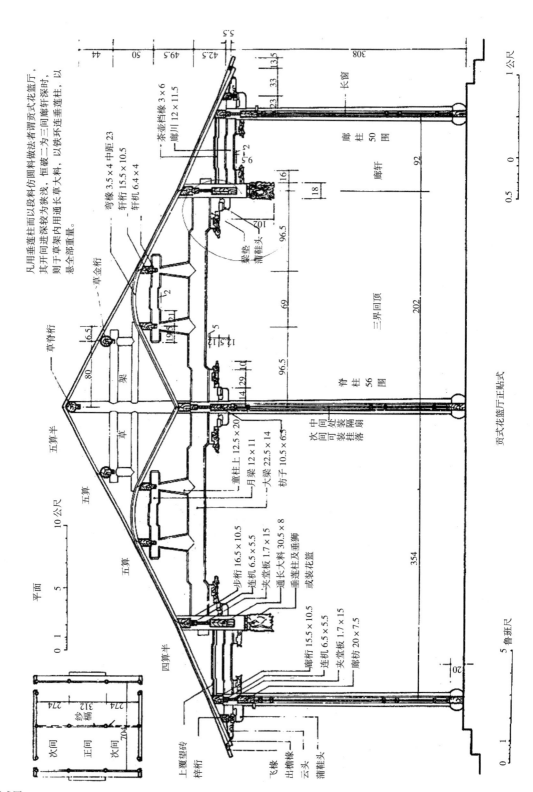

图 4-66　贡式厅

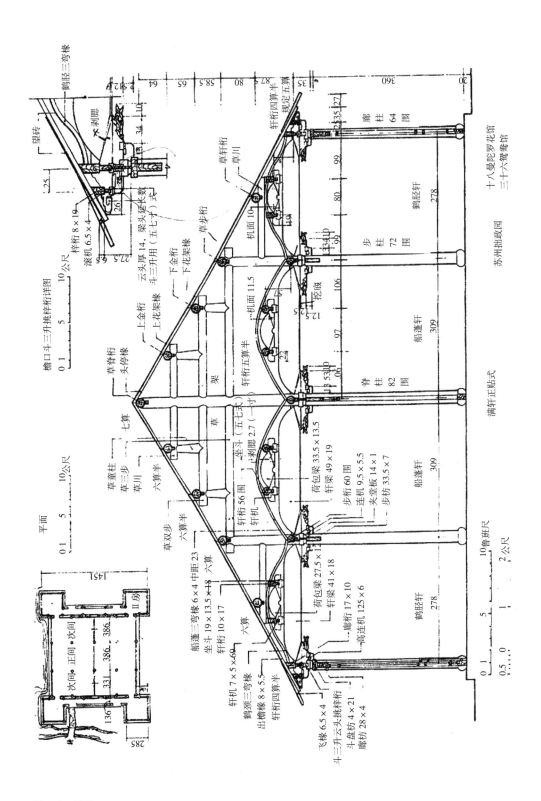

图4-67　满轩

5. 牌科

"牌科"为吴地对斗栱的俗称。

在我国传统建筑中，斗栱是一种特殊的标识性构件，其作用兼有作为由屋面到屋身的过渡，承载屋檐重量并将其传递到柱、枋以至下部基础以及在造型上装饰建筑立面的双重作用。此外无论在宋《法式》还是清《则例》中都将斗栱的某一尺寸当用作权衡该建筑各部尺度比例的基准，所以，设有多种规格以满足不同建筑的需要（图5-1）。苏式建筑的牌科规格较少（图5-2），因此，除充当尺寸基准外所起的作用与其他地方的斗栱基本相同。

五七寸式　苏式斗栱以尺寸分类，其中坐斗宽七寸，高五寸的称"五七寸式"，或"五七式牌科"。

四六寸式　牌科（斗栱）以尺寸分类，其坐斗宽六寸，高四寸。

双四六寸式　牌科（斗栱）式样的一种．较四六式大一倍。

角栱　位于四坡顶建筑转角处的一组斗栱（图5-3）。北方也称作"角科"。

桁间牌科　两廊柱之间，架于枋上桁下的一组斗栱（图5-4）。清式建筑称"平身科"；宋式建筑称"补间铺作"。

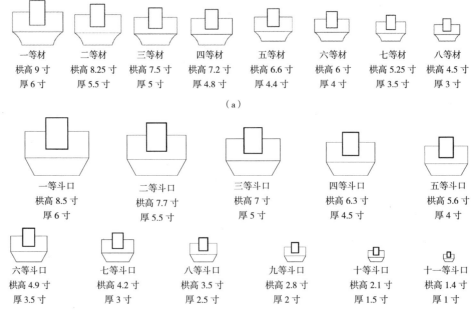

图 5-1　宋《法式》中的"材分八等"与清《则例》中的"十一斗口"
（a）宋《法式》中的八个斗栱等级；
（b）清《则例》中的十一斗口等级

一等材　栱高9寸　厚6寸
二等材　栱高8.25寸　厚5.5寸
三等材　栱高7.5寸　厚5寸
四等材　栱高7.2寸　厚4.8寸
五等材　栱高6.6寸　厚4.4寸
六等材　栱高6寸　厚4寸
七等材　栱高5.25寸　厚3.5寸
八等材　栱高4.5寸　厚3寸

（a）

一等斗口　栱高8.5寸　厚6寸
二等斗口　栱高7.7寸　厚5.5寸
三等斗口　栱高7寸　厚5寸
四等斗口　栱高6.3寸　厚4.5寸
五等斗口　栱高5.6寸　厚4寸
六等斗口　栱高4.9寸　厚3.5寸
七等斗口　栱高4.2寸　厚3寸
八等斗口　栱高3.5寸　厚2.5寸
九等斗口　栱高2.8寸　厚2寸
十等斗口　栱高2.1寸　厚1.5寸
十一等斗口　栱高1.4寸　厚1寸

（b）

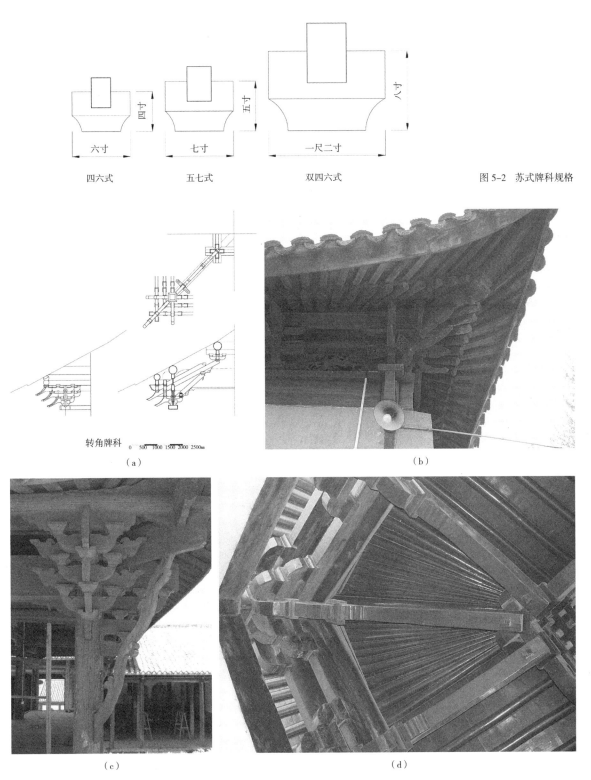

四六式　　　　　五七式　　　　　双四六式　　　　　　图 5-2　苏式牌科规格

转角牌科　0　500　1000　1500　2000　2500mm

（a）　　　　　　　　　　　　　　　（b）

（c）　　　　　　　　　　　　　　　（d）

图 5-3　角栱
（a）构造 ;（b）外观 a ;（c）外观 b ;（d）后尾

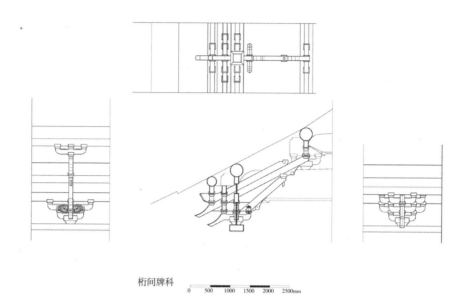

桁间牌科

0　500　1000　1500　2000　2500mm

（a）

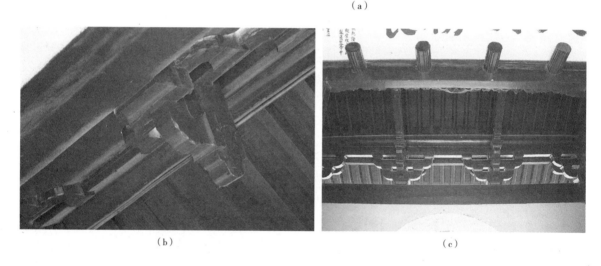

（b）　　　　　　　　　　　　　　　　　（c）

图 5-4　桁间牌科
（a）构造；
（b）外观；
（c）后尾

柱头牌科　位于檐柱之上的一组斗栱（图 5-5）。清式建筑称"柱头科"；宋式建筑称"柱头铺作"。

一斗三升　牌科（斗栱）的一种，位于桁底与斗盘枋之间，下用坐斗一，上架栱及三升（图 5-6）。

一斗六升　牌科（斗栱）之一，即于一斗三升上，再加栱及三升（图 5-7）。

丁字科　牌科（斗栱）的一种，仅外面出跳（图 5-8）。

十字科　牌科（斗栱）的一种，其内外均有出跳（图 5-9）。

网形科　牌科（斗栱）类型之一，栱以 45° 斜出，相互交织如网，故名（图 5-10）。北方称"如意斗栱"。

步十字牌科　位于步柱处之十字牌科（斗栱）。

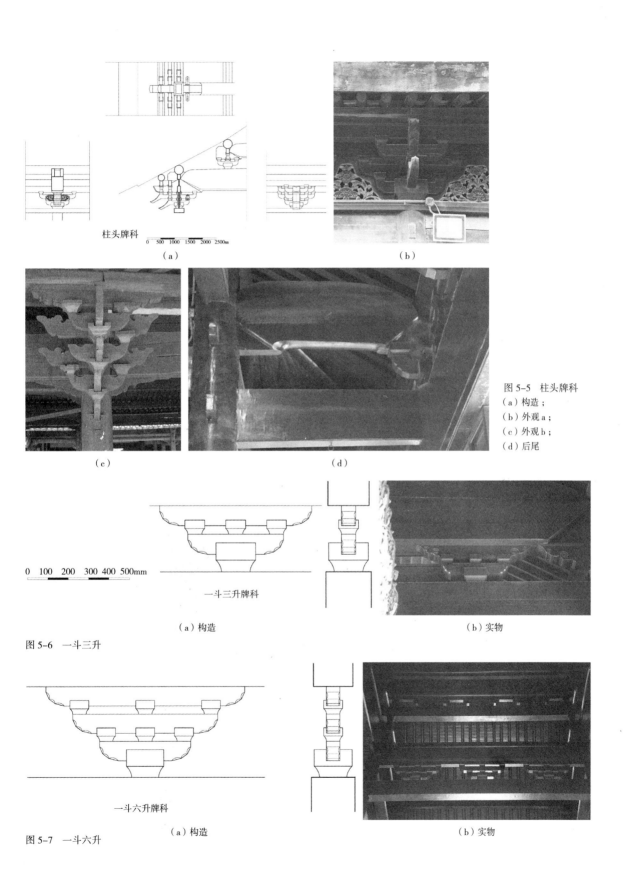

柱头牌科

0 500 1000 1500 2000 2500mm

（a）

（b）

（c）

（d）

图 5-5 柱头牌科
（a）构造；
（b）外观 a；
（c）外观 b；
（d）后尾

0 100 200 300 400 500mm

一斗三升牌科

（a）构造

（b）实物

图 5-6 一斗三升

一斗六升牌科

（a）构造

（b）实物

图 5-7 一斗六升

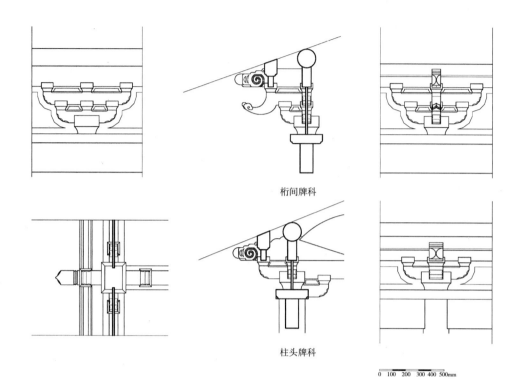

桁间牌科

柱头牌科

图 5-8　丁字科

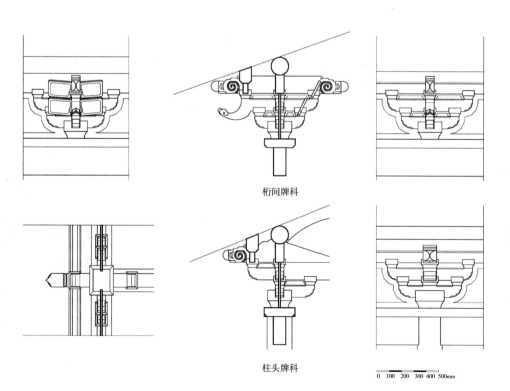

桁间牌科

柱头牌科

图 5-9　十字科

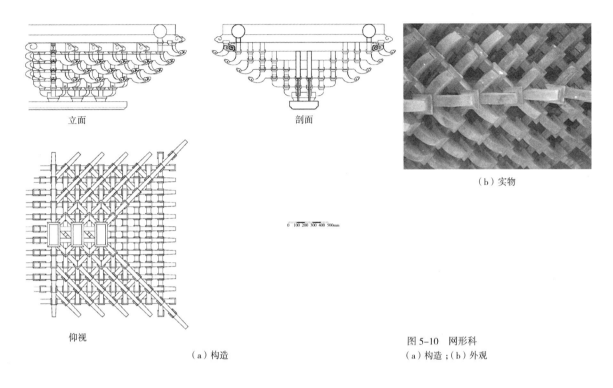

立面　　　剖面

（b）实物

仰视

（a）构造

图 5-10　网形科
（a）构造；（b）外观

金十字牌科　位于金柱处之十字牌科（斗栱）。

琵琶科　牌科的一种，后尾翘起，似斜撑。相似于北方的溜金斗栱（图 5-11）。

琵琶撑　琵琶科后端，栱的延长部分，起斜撑作用。

寒梢栱　扁作厅梁端置梁垫，不作蜂头，另一端作栱，以承梁瑞，称寒梢栱。有一斗三升及一斗六升之分（图 5-12）。

图 5-11　琵琶科
（a）构造；
（b）后尾

（a）构造

（b）实物

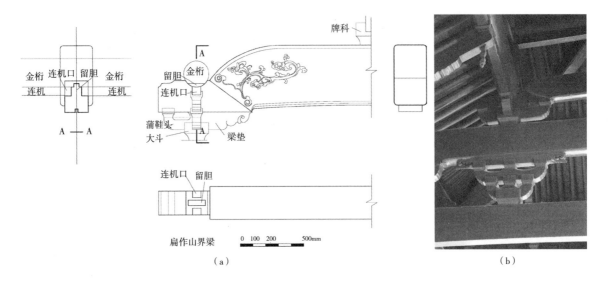

（a）　　　　　　　　　　　　　　　　　　　（b）

图5-12　寒梢栱

三板（瓣）　栱端分为三段，相连之小直线。边缘去角三分。类似于宋代的"卷杀"。

出参　指牌科（斗栱）逐层挑出（图5-13）。即清式建筑所谓"出踩"。

三出参　斗栱内外出跳，在大斗中仅挑出一层栱的。清代北方称之为"三踩"。

五出参　斗栱挑出二层的称"五出参牌科"，类似清式"五踩斗栱"。

蒲鞋头　栱单侧伸出，另一端止于斗口或升口，也有叉于柱上的栱（图5-14）。类似于北方的"丁头栱"。

云头挑梓桁　以云头承挑梓桁的结构方式。有蒲鞋头、斗三升、斗六升，上挑梓桁。

斗　也称"大斗"、"坐斗"、"栌斗"。一组牌科（斗栱）中最下面的立方形木块，

图5-13　出参　　　　　　　　　　　　　　　（a）　　　　　　　　（b）

　　　　　　　　　　　　　　　　　　　　图5-14　蒲鞋头

上承栱及昂。其形似过去量米的斗，故名（图5-15）。

坐斗　即"斗"。

斗腰　大斗垂直面上部平直部分，其中又分上、下斗腰两部分。

斗口　大斗开口处。

斗底　坐斗的底面。

斗桩榫　坐斗底面凿一寸方眼，而于斗盘枋上作榫头，使互相配合。

升　栱、昂端部所置的立方形小木块，似过去量米之升，故名。用以承托栱、昂及连机（图5-16）。

栱　牌科上似弓形之短木，断面作长方形，架于斗，或升口之上（图5-17）。

桁向栱　位于廊桁中心以外，而平行于桁的栱（图5-18）。类似清式建筑的"外拽万栱"或"瓜栱"。

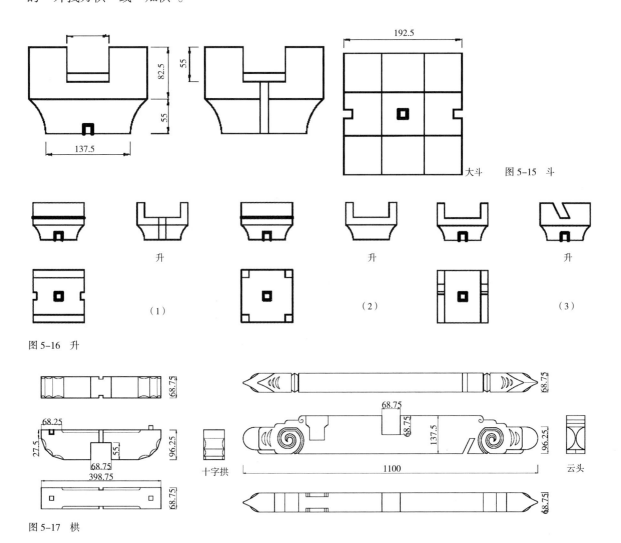

图 5-15　斗

图 5-16　升

图 5-17　栱

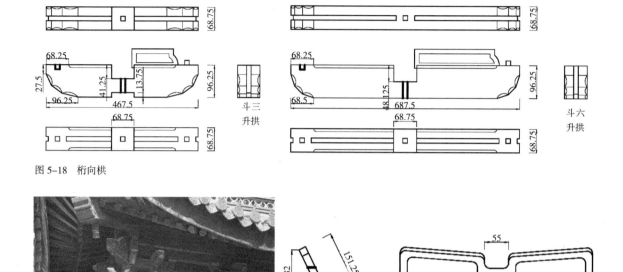

图5-18　桁向栱

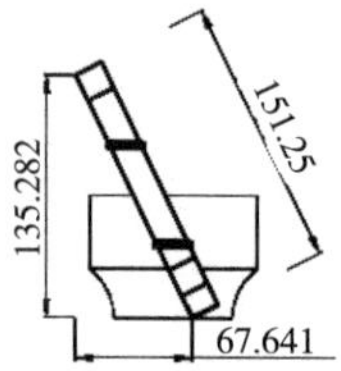

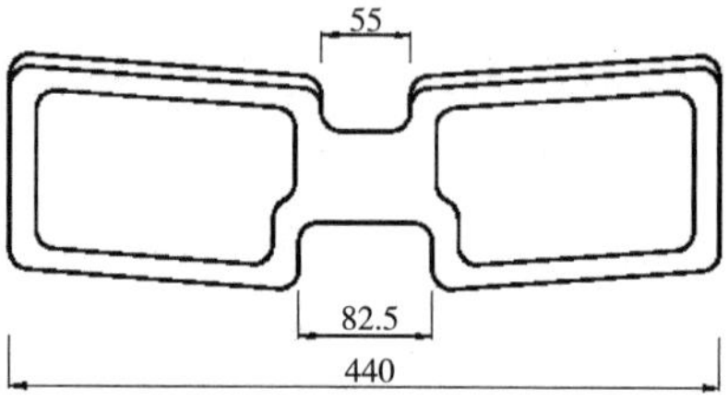

图5-19　斜栱（左）
图5-20　栱眼（右）

斜栱　屋角牌科中，与其他栱成45°斜置的栱（图5-19）。北方称斜翘。或网形牌科中斜置的栱。

栱眼　栱背转角处，挖去折角三分，使栱之形类弓形而有上翘之势（图5-20）。

亮栱　栱背与升底相平，两栱或栱与连机相叠时，中呈空隙者。

实栱　柱头上的斗栱，为增加其承载能力，将栱料加高，与升腰相平，在栱端锯出升位，以承升。

昂　斗栱中斜置的构件。或向前伸出之栱的前端下垂，作靴脚或凤头状，称"靴脚昂"或"凤头昂"（图5-21）。

斜昂　屋角牌科中与其他昂成45°的昂；或网形牌科中斜置的昂。

凤头昂　昂的下端翘起，形如凤头，故名。

靴脚昂　昂头形式的一种，昂端砍削成古代朝靴状。

荷叶凳　坐斗旁所垫的木构件，两头作卷荷状者，可使坐斗稳固、平衡。其作用类似于清式建筑中的"角背"（图5-22）。

牌条　架于桁向栱或升口上的通长木条，断面与栱料相仿（图5-23）。相当于北方所称的外拽枋。

风潭　一名枫栱，牌科（斗栱）内出第一跳的升口内，不用桁向栱，而用雕花之木板，类似"棹木"，该栱名"风潭"（图5-24）。

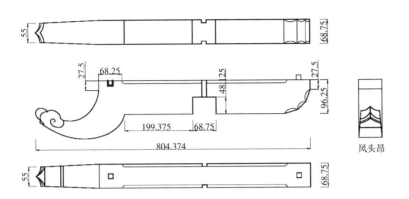

凤头昂

图 5-21　昂

图 5-22　荷叶凳

图 5-23　牌条

（a）

（b）

图 5-24　风潭
（a）柱头牌科上的风潭；（b）桁间牌科上的风潭

垫栱板　也称栱垫板。两组牌科（斗栱）间空档处所垫的雕刻漏空花卉的木板（图 5-25）。

棹木　架于大梁底两旁蒲鞋头升口内的雕花木板，微微向前倾斜（图 5-26）。

宝瓶　转交斗栱的斜栱之上安置的瓶状木块，上承老戗（图 5-27）。

（a）　　　　　　　　　　　　　　　　　　　　　（b）

图 5-25　垫栱板

图 5-26　棹木

图 5-27　宝瓶

6. 戗角

起翘的屋角是我国传统建筑的主要特色之一，但各地的屋角起翘，形式及其构造并不完全相同。苏地将建筑屋角称为"戗角"，从起翘的形式看，就有水戗发戗和嫩戗发戗两种（图6-1），其做法也有很大的差异。

戗角　歇山、四合舍房屋或攒尖亭构转角处形成的屋角（图6-2）。北方称"翼角"。

发戗　即屋角起翘。房屋于转角处，配设老戗、嫩戗，上置水戗，使之形成上翘的翼角。

放叉　翼角出檐，较正面出檐挑出，形成曲线形，向外叉出之部分称作"放叉"（图6-3）。

老戗　房屋转角处，设角梁，置于廊桁与步桁之上（图6-4）。北方称"老角梁"。

嫩戗　竖立于老戗上的角梁（图6-4）。相当于其他地区使用的梓角梁。

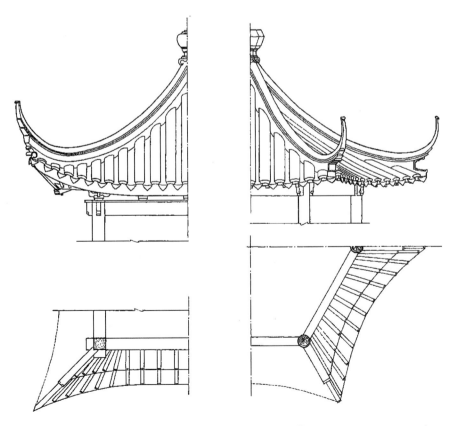

嫩戗发戗　　　　　水戗发戗

图6-1　水戗发戗和嫩戗发戗

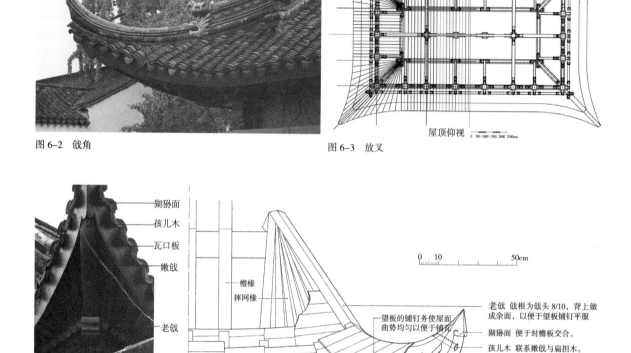

图 6-2　戗角

图 6-3　放叉

屋顶仰视

（a）

图 6-4　嫩戗发戗构造
（a）外观；
（b）构造
（摹自刘敦桢《苏州古典园林》）

（b）

角飞椽　在水戗发戗的屋角处理中，老戗上不置嫩戗，而代以角飞椽，宽与老戗同（图 6-5）。

扁担木　嫩戗发戗的戗角中，为使发戗曲势顺适，老戗和嫩戗间需加垫木料，下面三角形的称"菱角木"，其上钉"箴木"，最上面的即"扁担木"（图 6-6）。

摔网椽　建筑的转角处布椽形式的一种。出檐及飞檐，至翼角处，其上端以步柱为中心，作放射状排布，逐根伸长，下端依次分布成曲弧，与戗端相平者，似摔网状，故名（图 6-7）。也称"翼角翘檐椽"。

立脚飞椽　也称"翘飞椽"，是戗角处的飞椽，作摔网状，其上端逐根立起，逐渐升高，最后与嫩戗相平（图 6-7）。

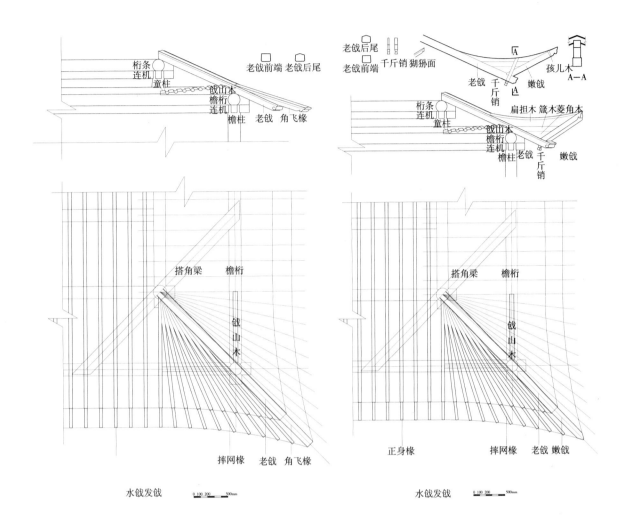

图 6-5　角飞椽（左）
图 6-6　扁担木、篾木及菱角木（右）

捺脚木　钉于立脚飞椽下端的短木，用其起加固作用（图 6-4）。

檐瓦槽　嫩戗与老戗相交处，老戗面的前端所开之槽. 用以承嫩戗。

车背　老戗、嫩戗上皮做成三角形的斜面部分。

篾片混　老戗底面所作的圆弧形。

合角　嫩戗前端，因前旁与遮檐板相交，所锯成的尖角。另，门窗料镶合相成之角。

戗山木　垫于摔网椽下的三角形木条，上面锯出椽椀，以承椽。也称"枕头木"。

孩儿木　嫩戗上端与扁担木联系的木榫，根部露出于嫩戗之外（图 6-4）。

猢狲面　嫩戗头作斜面，似猴脸，故名（图 6-4）。

图 6-7　摔网橡与立
脚飞椽

（a）矩形檐椽　　　　　　　　　　　　　（b）荷包状檐椽

7. 装折

在我国古代，北方的传统建筑木作常被分为大木作和小木作两大工种，大木作主要经营梁、柱、檩、椽、枋子等的加工和架构；小木作则进行檐下的门窗、挂落、木栏以及室内的屏门、纱槅、花罩、天花等的制作与安装，而这在清代官式建筑中，又被称之为"外檐装修"和"内檐装修"。苏州地区并无如此细致的工匠分工，无论梁架或是门窗，其加工和安装过去都并称大木，由木工承担。

然而在苏州地区，门窗、挂落、木栏、屏门、纱槅、花罩、天花之类又别称为"装折"，从字面看，"装折"一词不甚好解，似乎应为"装拆"更便于理解。因为此类构件并非固着于房屋构架之上，彼此是用销钉进行连接的，需要时可备拆卸。是否当初的"一点"之误而讹传至今。既然"装折"一词至今沿用，那么仅在此存疑。

时样装折　即时尚的装修形式。

小木　过去苏地指专做家具、器具等木制品的。

将军门　殿庭或大型第宅所用的大门形式，门扇一般装于门第（门厅）正间的脊桁之下，并用匾额、门簪、抱鼓石等装饰以显示身份和地位（图7-1）。

（a）

图 7-1　将军门（1）
（a）外观；

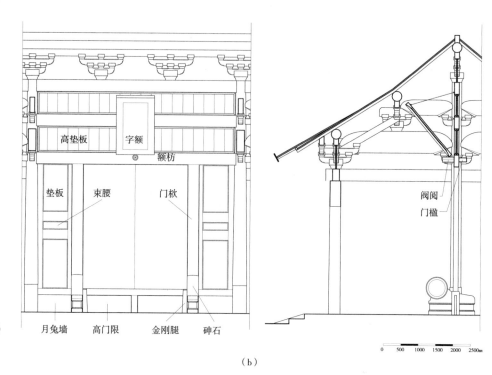

图 7-1 将军门（2）
（b）构造

月兔墙   高门限   金刚腿   砷石

（b）

库门 装于墙门上之木门（图 7-2）。

矮挞 小户人家临街大门之外用于遮挡视线的隔断门，上部镂空，下作裙板的门户，阔三到四尺，高约六到七尺（图 7-3）。

长窗 北方称"槅扇"，通长落地之窗，装于上槛与下槛之间（图 7-4）。

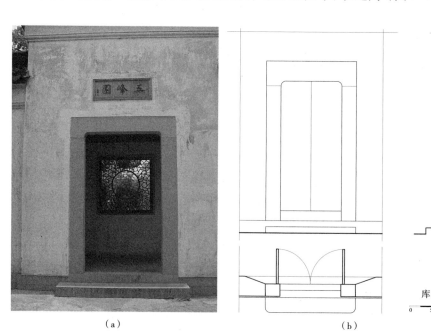

图 7-2 库门
（a）外观；
（b）构造

（a）   （b）

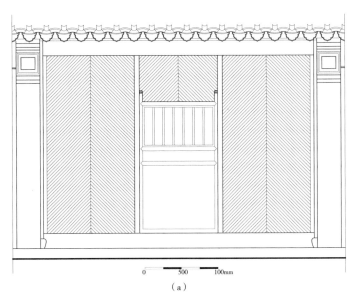

（a）

（b）

（c）

图 7-3　矮挞
（a）构造；
（b）、（c）外观

半窗　装于半墙之上的窗（图 7-5）。

地坪窗　短窗，装于捺槛与上槛或中槛之间，仅及长窗自顶至中夹堂下横头料为止。北方称"槛窗"（图 7-6）。

和合窗　窗扇装于捺槛与上槛或中槛之间，成长方形，向上下开关（图 7-7）。北方称"支摘窗"。

风窗　正间居中，照两扇窗阔配一阔窗，内有一扇狭窗，可开关者名曰"风窗"。

横风窗　也称"横披"。装于上槛与中槛之间，呈扁长方形（图 7-8）。

遮羞　也称"遮羞窗"。是在正房次、边间与厢房的半窗内，再配装之窗，用于遮挡视线。

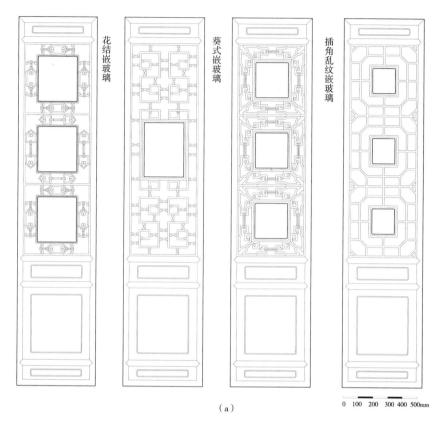

花结嵌玻璃

葵式嵌玻璃

插角乱纹嵌玻璃

八角景嵌玻璃

0　100　200　300　400　500mm

（a）

图 7-4　长窗
（a）长窗构造；
（b）长窗外观 a；
（c）长窗外观 b；
（d）长窗、和合窗及
横风窗

（b）

（c）

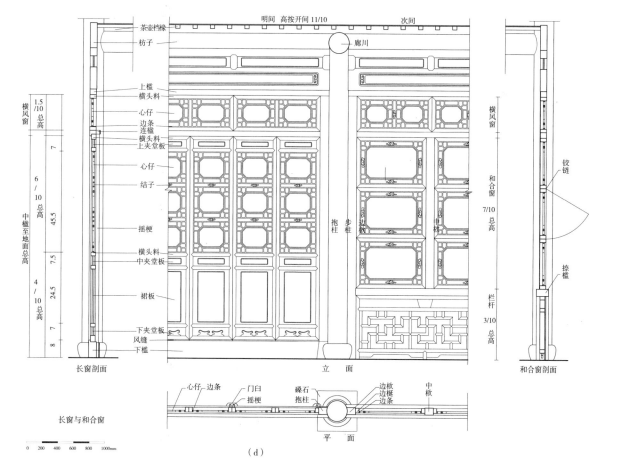

明间　高按开间 11/10　次间

廊川

茶壶档椽
枋子

上槛
横头料
心仔
边条
连槛
横头料
上夹堂板
心仔
结子
摇梗
横头料
中夹堂板
裙板
下夹堂板
风缝
下槛

抱柱　步柱

横风窗
1.5/10 总高

6/10 总高
7
45.5
7.5
24.5
7
8

中槛至地面总高

长窗剖面

立　面

横风窗

和合窗
7/10 总高

栏杆
3/10 总高

铰链

捺槛

和合窗剖面

心仔　边条　门臼　摇梗　碌石　抱柱　边梃　边挺　边条　中梃

平　面

长窗与和合窗

0　200　400　600　800　1000mm

（d）

（a）   （b）

图 7-5　半窗

（a）   （c）

图 7-6　地坪窗
（a）外侧立面；
（b）内侧立面；
（c）地坪窗

（b）

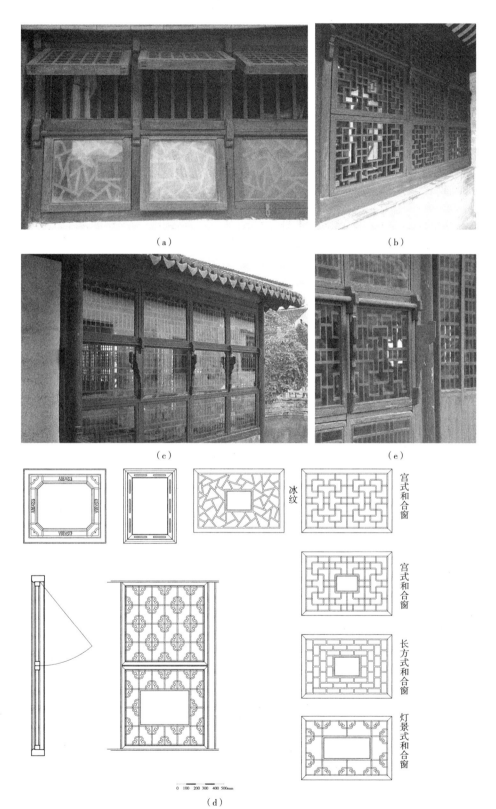

（a）

（b）

（c）

（e）

冰纹

宫式和合窗

宫式和合窗

长方式和合窗

灯景式和合窗

0 100 200 300 400 500mm

（d）

图 7-7　和合窗

图 7-8　横风窗

　　花窗　装于厅堂山墙或轩榭后檐墙的砖框木窗（图 7-9）。

　　栏杆　建筑的廊柱间、阶台或露台等处的短栅，以防下坠的障碍物，有时亦用于窗下（图 7-10）。

　　半栏　低栏杆。上铺木板，可供坐息，即"坐栏"，其上装靠背者称"吴王靠"

图 7-9　各式花窗　（图 7-11）。

（a）　　　　　　　　　　　　（b）　　　　　　　　　　　　（c）

（d）　　　　　　　　　　　　（e）　　　　　　　　　　　　（f）

二仙传桃式

亚字

灯景式

灯景式

葵式乱纹

葵式万川

藤茎式

套方式

木栏杆

0　200　400　600　800　1000mm

（a）

（b）

（c）

图7-10　栏杆（1）

图7-10　栏杆（2）

坐槛　半栏上铺木板，备坐息用。也称"坐栏"。

纱窗　亦名"纱槅"，与长窗相似. 但内心仔不用明瓦，钉以青纱或钉书画，装于室内，作为分隔室内空间之用（图 7-12）。

（a）

（b）

坐栏

（c）

（d）

图 7-11　半栏

（a）

（b）

（c）

图 7-12　纱窗

挂落　装于廊柱之间的枋下，木制，似网络漏空的装饰物（图 7-13）。

挂落飞罩　与挂落相似，悬装于室内，图案纹样精致（图 7-14）。

　　飞罩　用于室内两柱之间，枋子之下，两端下垂似栱门，花格纹样十分精致。

与用于室外的挂落相（图 7-15）似。

　　落地罩　罩的一种，两端下垂及地，内缘作方、圆、八角形等式（图 7-16）。

（a）

（b）

图 7-13　挂落

图7-14　挂落飞罩
（a）、（b）挂落飞罩；
（c）挂落飞罩与纱槅

（b）

（c）

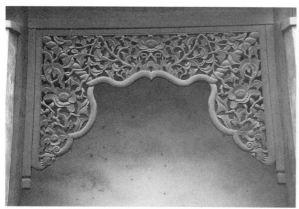

（a）

（b）

图 7-15　飞罩（左）
图 7-16　落地罩
　　（右）

屏门　装于厅堂后双步柱间，呈屏列之门（图 7-17）。

棋盘顶　屋内吊顶的一种。用纵横木料在大梁底作井字形方格，上铺木板。板上有时会绘制彩画（图 7-18）。

板壁　分隔室内房间的木板（图 7-19）。

塞板　商店檐柱间所装的排束板（图 7-20），也称"鱼鳃板"。

拔步　楼梯阶级的水平面部分（图 7-21）。即"踏步"。

影身　楼梯踏步的垂直面部分（图 7-21），相当于今天所称的"踢面"。

直楞　垂直之木条，以作屏藩。但仍通光线。

抱柱　柱旁用以安置窗户的木框 [图 7-4（d）]。

枕　两和合窗（支摘窗）之间的分隔木柱 [图 7-4（d）]。另外窗宕装于墙壁时，窗两旁的垂直框亦称"枕"。

上槛　安装门窗的外框中，最上面的横料 [图 7-4（d）]。墙门石料上槛，亦称"套环"。

（a）

（b）

图7-17　屏门

图 7-18　棋盘顶（左）
图 7-19　板壁（右）

（a）

图 7-20　塞板

（b）　　　　　　　　　　　　　　　　　　　　（c）

（a）

（b）

图 7-21　楼梯

中槛　房屋较高，于窗顶加装横风窗时，横风窗下所置的横木料 [图 7-4（d）]。

下槛　安装门窗的外框中最下面的横料 [图 7-4（d）]。门或长窗的下槛俗称"门槛"或"门限"（图 7-22）。

窗槛　安装窗户的木框宕下方的横木，北方称下槛。

捺槛　装置和合窗（支摘窗）的下槛。也称拓板。

金刚腿　在下槛（门槛）两端，作靴腿状斜面的木块（图 7-23），起凸榫以装卸下槛（门槛）。

连槛　相连的门槛，其外椽作连续曲线形（图 7-24）。

余塞板　将军门的门档、户对与抱柱之间所垫的板。也称"垫板"。

摇梗　即启闭传统建筑门窗的转轴（图 7-25）。

门槛　钉于门框上槛之木块。其贯通的圆孔内插摇梗上端（图 7-26）。

门臼　也称门枕，钉于门框下槛的木块（图 7-27）。上面凿圆形凹坑，安摇梗下端。

阀阅　将军门额枋之上，圆柱形之装饰物（图 7-28），前部可以搁匾额；后部固定连槛。北方称"门簪"。

门当户对　一说即将军门两旁，直立之木框。

（a）　　　　　　　　　　　　　　（b）

图 7-22　门槛

图 7-23　金刚腿

图 7-24　连楹

图 7-25　阀阅与连楹

图 7-26　门槛与摇梗

图 7-27　门臼

图 7-28　阀阅

门环　或称门钹，宋《营造法式》称"铺首"。大门所安的金属环形附件（图7-29）。亦可指整个门钹。

高垫板　将军门之上，额枋与脊桁连机间所装之木板。也称走马板。

高门限　又称门档，是将军门下的门槛，较普通门槛为高（图7-30）。

明瓦　窗棂间相嵌的蜊壳（蚌壳的一种），用以采光（图7-31）。

结子　用于栏杆及窗棂空档处，雕成花卉的木块（图7-32）。

图7-29　门环

插角　纱槅内心仔相邻边条间的装饰件（图7-33）。

边挺　也称"大边"，是门、窗两边垂直的木框（图7-34）。

横头料　门窗框上下两端的横木料（图7-34）。北方称抹头或大边。

裙板　嵌于长窗中夹堂及下夹堂横头料间的木板（图7-34）；还有装于窗下栏杆内的木板。

跌脚　裙板内垂直的木档，用以钉裙板。

图7-30　高门限

（b）安装

图 7-31　明瓦

（a）整体　　　　　　　　　　　　　　　（c）明瓦单片

（a）　　　　　　　　　　　（b）　　　　　　　　　　　（c）

（d）　　　　　　　　　　　（e）　　　　　　　　　　　（f）

图 7-32　结子

（a）

（b）

图 7-33　插角

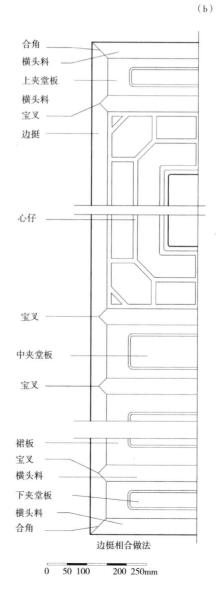

长窗

```
0  100  200 300 400 500mm
```

边梃相合做法

```
0  50 100  200 250mm
```

图 7-34　长窗各部名称

内心仔　窗的漏空部分，可装明瓦以采光（图 7-34）。

心仔　即窗棂，内心仔边条以内，配搭出花纹的木条（图 7-34）。

宫环　装修纹样的一种。用木条拼逗的花格纹样中，其合角处直角相接，无环形花纹者，谓之宫式。反之，谓之环式，亦名葵式。

整纹、乱纹　门窗、栏杆、挂落等装折所用装饰纹样，其木条用通长相连的为整纹；用断续转折的为乱纹（图 7-35、图 7-36）。

光子　门框除两横料外，中间所用横料名为光子。又，板壁除上、下槛，中间所用横料，亦名光子。裙板所用横料亦同。类似于北方所谓的"穿带"。

榴条　门、窗等的裙板四周虚隙处，所钉的小木条。有加固的作用。

细眉　建筑内部装围屏、地罩等构件时，若其下端无依靠，需要在方砖或地板上做木质基座，即细眉座（图 7-37）。

象鼻　木构件根部，所凿的用以穿绳的孔。

图 7-35　整纹

图 7-36　乱纹

（a）

（b）

图 7-37　细眉

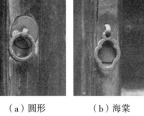

（a）圆形	（b）海棠	（c）实心	（d）位置

图 7-38　风圈　　　　　　　　　　　　　　　　　　　图 7-39　鸡骨　　　图 7-40　摘钩

　　闲游　铁具之一，厚二分，阔寸许，狭至五、六分。其脚寸许，插入木构件内，面透出五、六分，高起若榫。

　　风圈　钉于器具或窗户上的金属小环（图 7-38）。

　　鸡骨　装于窗上的金属附件。长扁形，一端有孔，窗户关闭时起固定作用（图 7-39），或称"羁绊"。

　　搭钮　钉子槛上的钉圈，以搭鸡骨。

　　摘钩　装于窗上的金属附件，窗户开启时起固定作用（图 7-40）。

　　淹细　墙门摇梗下端所嵌套的有底铁箍。

　　香扒　钉的一种，长约寸余，钉端呈小扒形。

　　猫耳　钉的一种，其钉端呈猫耳形。

　　吊铁　对角斜钉于门背的铁条，有固定拉结作用。

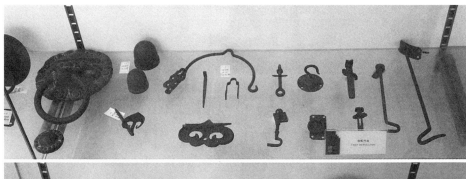

图 7-41　门窗上的金属构件

铁袱 钉于门背面的铁片，厚约二分，宽约二寸，上、下各一道（图7-41）。

虚叉 窗中内心仔（窗棂）与边条起浑面线脚，于丁字处的镶合式样（图7-42）。

平肩头 窗之内心仔（窗棂）与边条起亚面或平面线脚，在十字处及丁字处的接合样式（图7-42）。

合把肯 窗的内心仔（窗棂）与边条，起浑面线脚，在十字处的接合样式（图7-42）。

铲口 门窗框装门窗扇处，刨低半寸之部分。

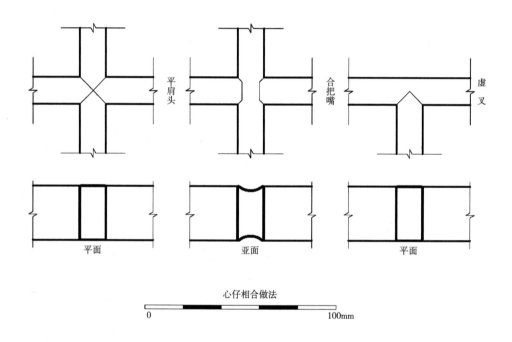

心仔相合做法

0   100mm

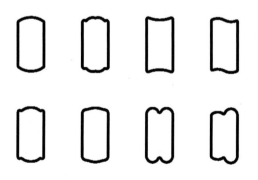

心仔断面形式

0   100mm

图7-42 内心仔相交方式

8. 墙垣

墙垣的作用是界分内外、分隔空间和遮挡视线。同时也承担着隔热、保温的功能。苏地建筑墙体的砌筑主要用砖，也有少量用石或土坯的。由于墙体造型、部位以及砌筑方法的不同，就形成了各种专门的名称。

墙　用砖、石、土坯叠砌的隔断构筑物。

砖　以黏土为主要原料，经泥料处理、成型、干燥和焙烧而成的建筑用小型块材（图 8-1）。

七两砖　砖的一种，重七两，用以筑脊。较小者，有六两砖。

五斤砖　砖的一种。重五斤，用以砌墙。还有行五斤砖和二斤砖等。

半黄砖　砖的一种。用以砌墙，墙门及垛头者。尚有较小者名"小半黄砖"。

黄道砖　砖的一种。用以铺地、砌天井、道路及砌筑单砖墙。

大砖　砖之一种，用以砌墙。

方砖　砖的一种，呈方形，用以铺地、嵌墙。有南窑大方砖及行来大方砖等。

正京砖　方砖之一种。约二尺见方，厚约三寸，用以铺砌殿庭地面。

台砖　砖之一种，尺寸甚大，用以做台面，方形。铺于琴桌上的称"琴砖"。

夹砖　砖名，砖胚两块相连，烧成后，可剖为二块。

枳瓢砖　砖之一种，似枳瓢状（带圆弧的梯形），用以砌法圈(券)。

城砖　砖之一种，用以砌墙。尺寸较小的有单城砖及行单城砖。

土墼　类似于土坯砖，比砖坯略厚而狭，性耐火；过去用于筑灶圈堂，乡间砌单壁亦用之。

山墙　建筑物两侧端部之墙（图 8-2）。两坡顶建筑的山墙上部呈三角形，似山，故名。

三山屏风墙　山墙高起若屏风状，而成三级者。

图 8-1　砖

各种传统砖料名称、尺寸与用途　　　表8-1

名称	长	宽	厚	重量	用途
大砖	1.02~1.8尺	5.1~9寸	1~1.8寸		砌墙用
城砖	0.68~1尺	3.4~5寸	0.65~1寸		砌墙用
单城砖	7.6寸	3.8寸		1.5斤	砌墙用
行单城砖	7.2寸	3.6寸	7分	1斤	砌墙用
橘瓣砖				5、6、7、8两	砌发券用
五斤砖	1尺	5寸	1寸	3.5斤	砌墙用
行五斤砖	9.5、9寸	4.3寸		2.5斤	砌墙用
二斤砖	8.5寸			2斤	砌墙用
十两砖	7寸	3.5寸	7分		砌墙用
六两砖	1.55尺	7.8寸	1.8寸	7两	筑脊用
正京砖	2.2、2、1.8尺见方		2.5、3、3.5寸		大殿铺地用
半京	2.42尺	1.25尺	3.1寸		铺地用
二尺方砖	1.8尺	1.8尺	2.2寸	5.6斤	厅堂铺地用
一尺八方砖	1.6尺	1.6尺	2.2寸	3.8斤（2.8斤）	厅堂铺地用
尺六方砖	1.6尺	1.6尺	加厚	2.8斤（2.2斤）	厅堂铺地用
尺五方砖	1.5尺	1.5尺	2.2寸		厅堂铺地用
尺三方转	1.3尺	1.3尺	1.5寸		厅堂铺地用
南窑大方砖	1.3尺	6.5寸	加厚	2.2斤	厅堂铺地用
来大方砖	1.3尺	6.5寸	1.5寸	1.6斤	厅堂铺地用
山东望砖	8.1寸	5.3寸	8分		用于椽上
方望砖	8.5寸	6.5寸	9分		用于椽上（殿庭用）
八六望砖	7.5寸	4.7寸	5分		用于椽上（厅堂用）
小望砖	7.2寸	4.2寸	5分		用于椽上（平房用）
黄道砖	6.2寸	2.7寸	1.5寸		天井铺地、砌单墙用
黄道砖	6.1寸	2.9寸	1.4寸		天井铺地、砌单墙用
黄道砖	5.8寸	2.6寸	1.4寸		天井铺地、砌单墙用
黄道砖	5.8寸	2.5寸	1寸		天井铺地、砌单墙用
并方黄道砖	6.7寸	3.5寸	1.4寸		天井铺地、砌单墙用
台砖	3.5尺	1.75尺	3寸		铺台面用
琴砖	3.2尺	3.2尺	5寸		铺台面用
半黄	1.9尺	9.9寸	2.1寸		砌墙门用
小半黄	1.9尺	9.4寸	2寸		砌墙门用

五山屏风墙　山墙高起若屏风状而成五级者（图 8-3）。

观音兜　硬山建筑中，山墙自檐口至屋脊呈曲线升起，近脊处隆起似观音背光，故名（图 8-4）。实例中有半观音兜及全观音兜之分。

图 8-2　山墙

图 8-3　五山屏风墙

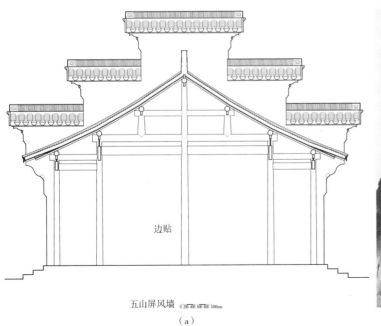

边贴

五山屏风墙　0 200 400 600 800 1000mm

（a）

（b）

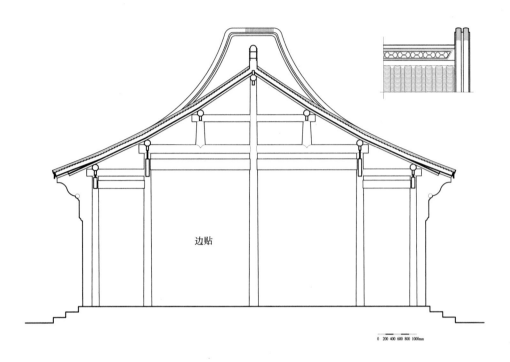

边贴

0 200 400 600 800 1000mm

图 8-4　观音兜

　　出檐墙　也称"露檐墙"，檐墙墙顶仅及枋底，使梁头、枋子露明，椽头挑出墙外（图 8-5）。

　　包檐墙　也称"封檐墙"，檐墙顶叠涩出挑，将木构件封护于墙内（图 8-6）。

　　塞口墙　厅堂天井之前或两旁的高墙，以分隔前后的房屋或左右的天井（图 8-7）。

　　照墙　墙门对街用作屏障的单墙，下用墙基，上复短檐，较讲究的墙面用砖细。也称照壁（图 8-8）。衙署、大型邸宅墙门两侧作八字形的清水墙也有被称之为照墙的（图 8-9）。

　　半墙　矮墙，砌于半窗或坐槛之下（图 8-10）。

　　垛头　山墙于廊柱以外部分，或墙门两旁之砖礅（图 8-11）。北方称"墀头"。另一说专指这些砖墩上端，檐口以下部位。

　　勒脚　位于墙体下部，较上部墙身放出一寸，一般高距地约三尺的部分（图 8-12）。垛头在地面以上部分也被称之为勒脚（图 8-13）。

　　收水　墙之自下而上，渐渐向内倾斜内收的尺度。北方称"收分"。

　　书卷　垛头式样之一（图 8-14）。

　　吞金　垛头式样的一种（图 8-14）。

　　朝式　垛头式样之一种（图 8-14）。

　　满式　垛头的兜肚或抛枋，四周起线，当中隆起者（图 8-14）。

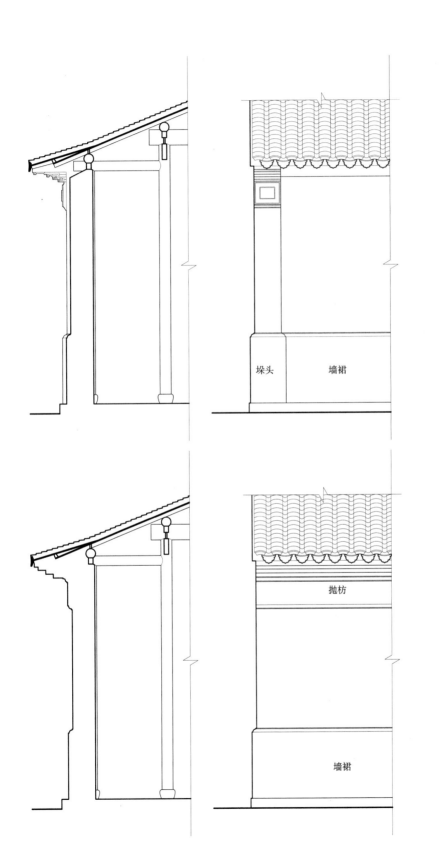

图 8-5　出檐墙

垛头　墙裙

抛枋

墙裙

图 8-6　包檐墙

（a）　　　　　　　　　　　　　　　　　　　（b）

图 8-7　塞口墙

图 8-8　对街的照墙
（左）

图 8-9　墙门两侧的
照墙（右）

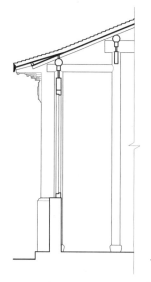

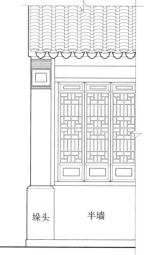

图 8-10　半墙

（a）　　　　　　　　　　　　　　　　　　　（b）

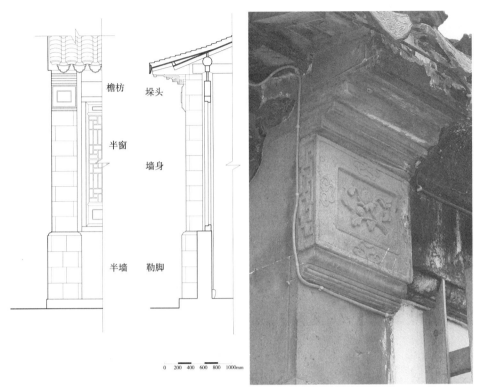

檐枋

半窗

半墙

垛头

墙身

勒脚

图 8-11　垛头

图 8-12　墙体下部
的勒脚

（a）   （b）

图 8-13　垛头下部的勒脚

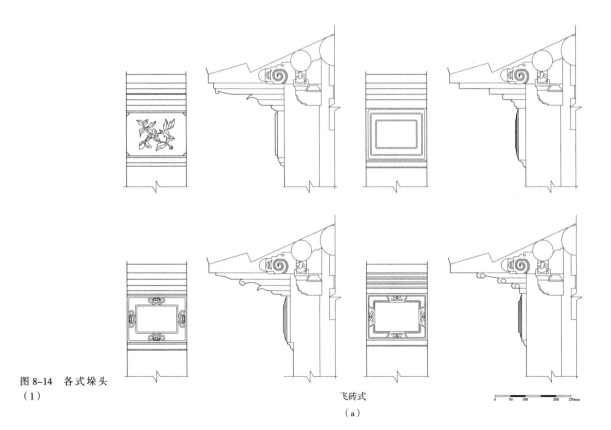

图 8-14　各式垛头
（1）

飞砖式

（a）

纹头式

（b）

朝板式
（c）

壶细口
（d）

吞金式
（e）

书卷式
（f）

图 8-14　各式垛头
（2）

博风　硬山山墙的上部，随前后坡砌出的博风形装饰砖带，称砖博风。也有用纸筋粉出的，称水作博风（图 8-15）。

抛枋　外墙上部，以清水砖或水作做成形似木枋的装饰带（图 8-16）。

墙门　苏式建筑通常每进屋宇之后都用塞口墙分隔，当中辟门，即为墙门。门头上做数重砖砌之枋，上或加牌科等装饰，复以屋面，其高度较两旁塞口墙略低（图 8-17）。

门楼　凡门头上施数重砖砌之枋；或加斗栱等装饰。上复以屋面，而其高度一般超出两旁塞口墙者（图 8-18）。

图 8-15　博风

图 8-16　抛枋

图 8-17　墙门

（a）

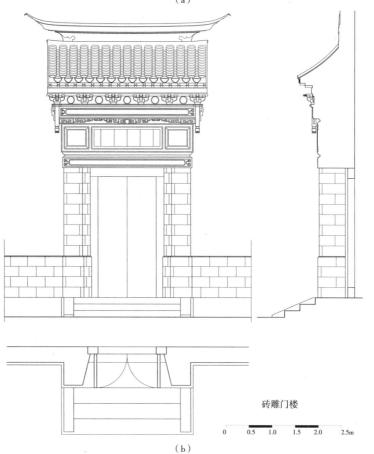

砖雕门楼

0　0.5　1.0　1.5　2.0　2.5m

图 8-18　门楼

（b）

三飞砖墙门　墙门上不用斗栱，而以三皮逐层挑出之砖替代（图 8-19）。

牌科墙门　做细清水砖砌墙门，屋面下用牌科，顶有硬山、发戗二式（图 8-20）。

荷花柱　墙门上，枋子两端作垂荷状的短柱（图 8-21）。

扇堂　墙门两旁垛头内，墙面作八字形的内凹。宽与门同，用作墙门开启时依靠之所（图 8-22）。

字碑　正脊或墙门上可以题写字额的部分（图 8-23）。正脊字碑部分亦称"过脊枋"。

锦袱　墙门上下枋子中央，施雕刻的部分（图 8-24）。

石槛　石制之门限（图 8-25）。

地栿　或作"地复"；用于墙门，铺于垛头扇堂间下槛下的石条（图 8-25）。

地方　装于石门槛中的铁门臼（图 8-26）。

套环　墙门石料上槛。

三飞砖　用砖三皮，逐皮挑出作为装饰，常用于墙门及垛头上（图 8-27）。

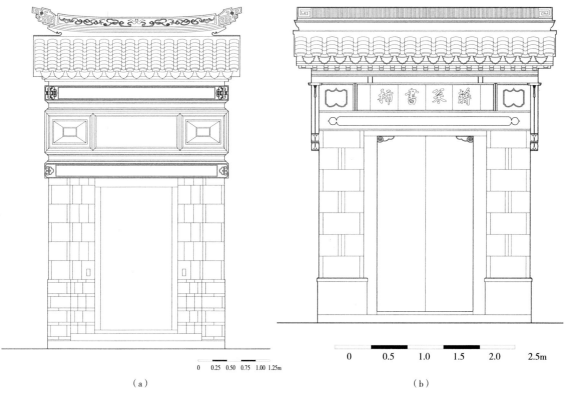

0 0.25 0.50 0.75 1.00 1.25m	0 0.5 1.0 1.5 2.0 2.5m
（a）	（b）

图 8-19　三飞砖墙门

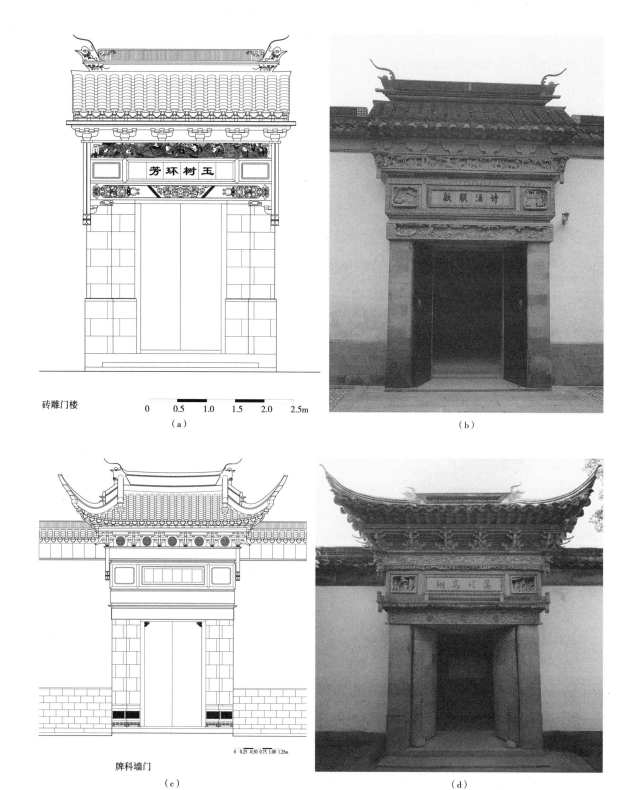

砖雕门楼

（a）

（b）

牌科墙门

（c）

（d）

图 8-20　牌科墙门
（a）硬山式牌科墙门；（b）硬山式牌科墙门实例；（c）发戗式牌科墙门；（d）发戗式牌科墙门实例

图 8-21　荷花柱

（a）

（a）

（b）　　图 8-22　扇堂

图 8-23　字碑

（a）

（b）

图 8-24　锦袱

图 8-25　石槛与地
栿（左）
图 8-26　地方（右）

　　一块玉　墙门上的装饰，砖枋四周起线，两端作纹头装饰，中间作素平长方形，即为一块玉（图 8-28）。

　　兜肚　垛头中部呈方或长方形的部分，上雕有各种花纹（图 8-29）。

　　隐脊　墙门上，荷花柱的上端，耳形的饰物构件。

图 8-27　三飞砖

图 8-28　一块玉

图 8-29　兜肚

将板枋　做细清水砖墙门中，斗盘枋绕于荷花柱顶处，凸出的部分。

挂芽　做细清水砖墙门上，荷花柱上端，两旁的耳形饰物。

月兔墙　将军门下槛之下，高门槛两端，所砌的半墙。

顶盖　架于墙门垛头墙上，与上槛相平的石过梁（图 8-31）。

墙檐　苏式传统墙垣的上端砌出的屋面形压顶（图 8-32）。

地穴　墙垣上所辟不装门的门宕（图 8-33）。

宕子　门窗框宕之统称。

月洞　墙垣上所辟不装门扇的空宕（图 8-34）。

门景　用清水砖嵌砌门户框宕，砖的侧边起装饰线脚（图 8-35）。

花墙洞　墙垣中所开空宕，以砖、瓦、木条构成各种图案，中空。以便凭眺及避外隐内之用（图 8-36）。也称"漏墙"或"漏窗"。

实滚砌　墙垣砌法的一种，将砖逐皮扁砌（图 8-37）。

图 8-30　将板枋

图 8-31　顶盖

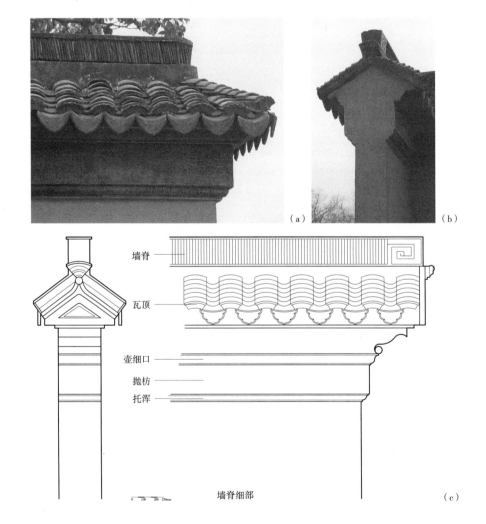

（a）

（b）

图 8-32　墙檐
（a）正面；
（b）侧面；
（c）构造

墙脊

瓦顶

壶细口

抛枋

托浑

墙脊细部

0　100　200 250mm

（c）

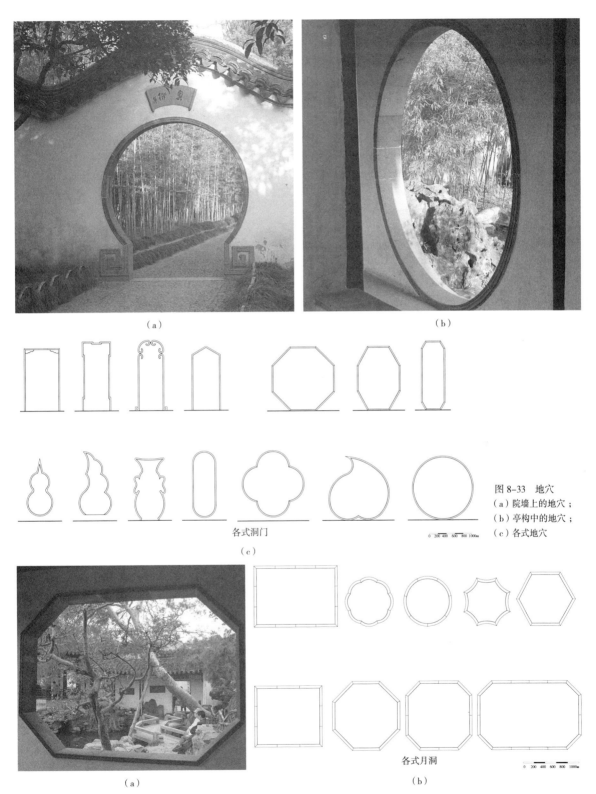

图 8-33　地穴
（a）院墙上的地穴；
（b）亭构中的地穴；
（c）各式地穴

各式洞门

（c）

各式月洞

图 8-34　月洞

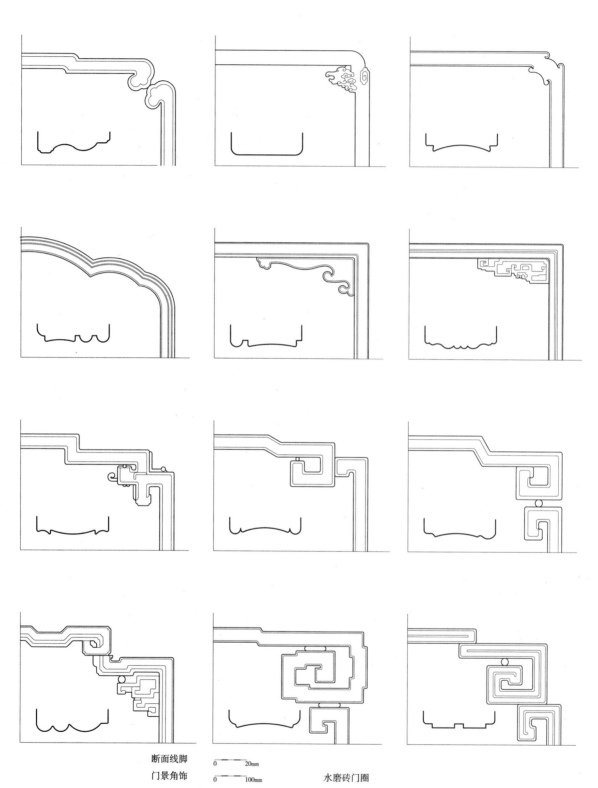

断面线脚
门景角饰

0   20mm

0   100mm   水磨砖门圈

图 8-35　各式门景

图 8-36　花墙洞（1）
（a）、（b）花式漏窗；（c）、（d）砖瓦漏窗；（e）、（f）水作漏窗；

（g）　　　　　　　　　　　　　　　　　　　　（h）

图8-36　花墙洞（2）
（g）水作漏窗；
（h）～（j）砖细漏窗；
（k）砖细漏窗

（i）

(j)

(k)

　　空斗砌　一名"斗子砌"，墙垣砌法之一。以砖纵横相砌，中空似斗。有单丁、双丁、三丁、大镶思、小镶思、大合欢、小合欢等式（图8-37）。

　　花滚砌　墙垣砌法的一种，空斗与实滚相间砌筑（图8-37）。

　　罩亮　墙上加刷煤水及上蜡，使之光亮，称之为罩亮。

　　栏马　城墙上的城垛。

　　城带　城墙土城内所砌的垂直砖墙。

　　城黄　城门左右城垛内所砌的垂直砖墙。

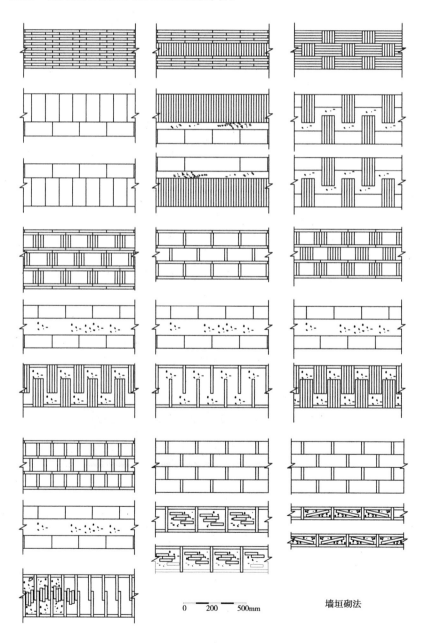

墙垣砌法

图8-37　墙体各种砌法

9. 屋面

屋面工程一般指桁椽以上的施工，包括铺望砖、望板，覆瓦及筑脊。但在传统建筑施工的工种分工时钉望板仍归木工，而铺望砖及覆瓦、筑脊则属水作瓦工。苏式建筑的屋面施工因建筑等级的不同其做法也有一定的差异。

出檐 屋顶伸出墙面或檐桁外的部分（图9-1）。

脊 相邻两屋面相交之处。以歇山屋顶为例，有正脊、竖带、水戗（图9-2）。

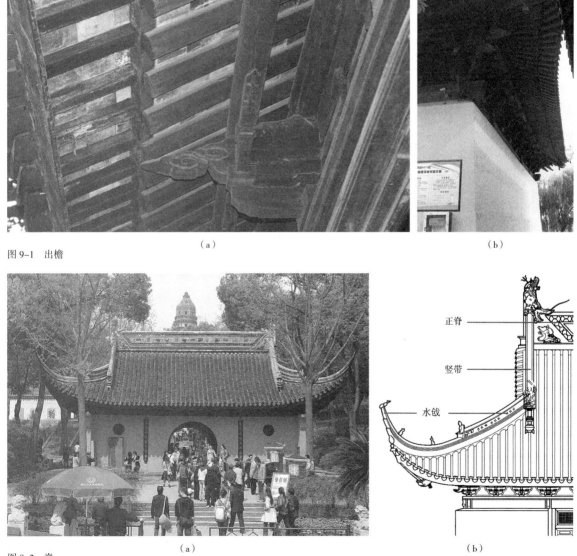

（a）　　　　　　　　　　　　　　　　　　　　　　　（b）

图9-1 出檐

（a）　　　　　　　　　　　　　　　　　　　　　　　（b）

图9-2 脊
（a）案例；（b）构造

脊威　正脊最高弯起部分。

正脊　前后屋面交界处所筑的脊（图 9–3）。

回顶　屋顶不用正脊，前后两屋面前后兜通（图 9–4）。类似于北方的卷棚。

竖带　殿庭建筑自正脊两端沿屋面下垂的脊（图 9–5）。北方称"垂脊"。

水戗　四坡顶建筑两相邻屋面相交形成的斜脊（图 9–6）。

（a）

（b）

（c）

图 9–3　正脊
（a）殿庭正脊；
（b）厅堂正脊；
（c）正脊细部

图 9–4　回顶

（a）　　　　　　　　　　（b）　　　　　　　　　　（c）

图 9-5　竖带
（a）歇山竖带；
（b）硬山竖带；
（c）细部

（a）　　　　　　　　　　　　　（b）

图 9-6　水戗
（a）殿庭水戗；
（b）厅堂水戗

　　赶宕脊　歇山屋顶落翼上与水戗成 45°相联的脊（图 9-7）。北方称博脊。

　　戗角　即屋角，北方称翼角。苏地的戗角有水戗发戗和嫩戗发戗两种（图 9-8）。

　　水戗发戗　发戗意为"使（屋角）起翘"，"水戗发戗"即利用水戗（斜脊）形成屋角翘起的形式或方法（图 9-9）。

　　嫩戗发戗　嫩戗属屋角木构件，故"嫩戗发戗"是以屋角角木架中的嫩戗使屋角产生翘起的形式或方法（图 9-10）。

　　通脊　用于正脊的空心砖料，以代砖砌的五寸宕或三寸宕（图 9-33）。

　　龙吻　正吻的一种，殿庭正脊两端，是龙头形翘起的饰物（图 9-11）。

　　鱼龙吻　殿庭建筑的正吻，位于正脊两端，作鱼龙形的饰物（图 9-12）。

　　游脊　最为简单的正脊，用瓦斜铺相叠而成（图 9-13）。

　　甘蔗脊　平房正脊式样之一。筑脊两端作简单方形回纹（图 9-14）。

　　雌毛脊　正脊的一种。正脊两端的脊饰细长上翘（图 9-15）。又名"鸥尾脊"或"鼻子"。

（a）

图9-7　赶宕脊

（b）

（a）　　　　　　　　　　（b）

图 9-8　戗角

（a）　　　　　　　　　　（b）

（d）　　　　　　　　　　（c）

（e）

图 9-9　水戗发戗

（a）　　　　　　　　　　　　　　（b）

图 9-10　嫩戗发戗
（左）
图 9-11　龙吻（右）

（a）

图 9-12　鱼龙吻

（b）　　　　　　　　　　　　　　（c）

（a）

图9-13　游脊

（b）

图9-14　甘蔗脊

图9-15　雌毛脊

纹头脊　正脊两端翘起,作各种复杂的屈曲纹饰(图9-16),故称为"纹头脊"。

哺鸡　筑脊两端作鸟形之饰物。有此哺鸡者称哺鸡脊(图9-17)。

哺龙　筑脊两端有龙首形之饰物,称其脊为哺龙脊(图9-18)。

攀脊　正脊与前后屋面相接的部分。前后屋面相交处,先砌出高于盖瓦二至三寸的矮墙,即为攀脊(图9-19)。其上砌筑正脊。

排山　歇山顶侧面,竖带之下,博风板之上横向排列的瓦屋檐(图9-20),北方称"排山沟滴"。

滚筒　正脊下部分成圆弧形之底座。用两个筒瓦对合筑成(图9-21)。

瓦条　屋脊用望砖砌成突出的装饰线条(图9-21),厚约一寸。

亮花筒　屋脊漏空部分,中以五寸筒对合砌成金钱形(图9-21)。

交子缝　砌二路瓦条时,中间距离寸余的凹进部分(图9-21)。

(a)

(b)

(c)

(d)

图9-16　纹头脊

图 9-17　哺鸡脊

（a）　　　　　　　　　（b）

（a）　　　　　　　　　（b）

（c）　　　　　　　　　（d）

图 9-18　哺龙脊

图 9-19　攀脊

图 9-20　排山

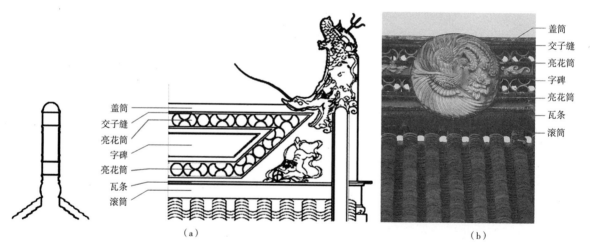

（a）

（b）

图 9-21　屋脊各部
名称
（a）构造；
（b）案例

盖筒　屋脊最上端用筒瓦砌成的压顶条（图 9-21）。

楞　一排屋面盖瓦称作"一楞"，也叫作"一陇"。

豁　指两瓦楞或椽子间的空档。

底瓦　屋面仰铺的瓦片，一般在两片仰瓦之间上覆盖瓦，所以称作"底瓦"（图 9-22）。

盖瓦　俯置之瓦。复于两底瓦之上（图 9-22）。

黄瓜环　亦称"黄瓜环瓦"，瓦的一种，弯形如黄瓜状。回顶建筑屋脊处不用正脊，于前后屋面交界处盖黄瓜环，使屋面前后兜通（图 9-23）。

钩头筒　用于檐口的筒瓦，前端作圆形舌片状（图 9-24）。

花边　用于檐口的盖瓦，其边缘作曲折花纹，故名（图 9-25）。

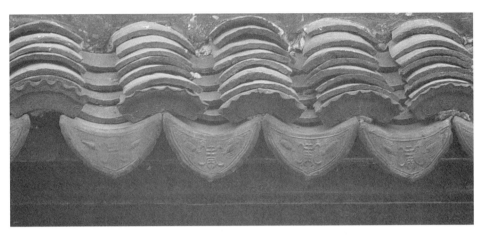

图 9-22　底瓦与盖瓦

（a）

（b）

图 9-23　黄瓜环瓦

图 9-24　钩 头 筒
（左）
图 9-25　花边（右）

滴水　檐口处的底瓦，这种底瓦前端有如意形舌片下垂者（图 9-26）。

望砖　砖的一种，铺于椽上，用以堆瓦及避尘（图 9-27）。有八六望砖。方望砖筹。

望板　椽上所铺的木板，以承屋瓦，代望砖之用。

大帘　竹帘，或芦帘，造厅堂翻轩时，铺于草架内望砖之上，再糊灰砂，使望砖固定（图 9-28）。

小南瓦　瓦的一种，用以铺屋面。

人字木　用于底瓦间，盖瓦下的分楞木条，用短木做成人字形使之固定。

图 9-26 滴水（左）
图 9-27 望砖（右）

图 9-28 大帘

天王 殿庭屋顶竖带下端的人形饰件（图 9-29）。

坐狮 殿庭水戗上之脊兽，用以装饰（图 9-30）。

走狮 殿庭水戗上的装饰脊兽（图 9-30）。

檐人 殿庭檐口处盖瓦上的小瓦人装饰（图 9-31）。也称"帽钉"或"钉帽子"。

吞头 水戗戗根的兽头形饰物，张口作吞物状（图 9-32）。

缩率 屋顶水戗及竖带三寸宕下端所作的回纹形花饰。

花篮靠背 竖带下端及水戗间，用砖砌成靠背状，以承天王、坐狮等饰物。

螳螂肚 在竖带下端，花篮底下瓦楞间的饰物，形如螳螂，故名。有时也称其为"托泥当沟"。

勾头狮 亦作"钩头狮"。殿庭水戗尖端，连于钩头筒上的饰物。

（a）　　　　　　　　　　（b）　　　　　　　　　　（c）

（d）　　　　　　　　　　（e）

图 9-29　天王

图 9-30　坐狮与走狮

（a）

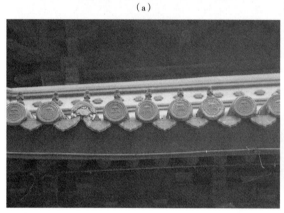

（b）

图 9-31　檐人（左）
图 9-32　吞头（右）

晴落　即排水天沟，沿檐口安置，以汇聚屋面雨水，使之注入落水管。

天沟　屋面檐口前若有附屋屋顶、檐墙阻挡，排水所需设置的沟槽，称作天沟。

合漏　两屋面相合处的斜沟，为排水之用。

马槽沟　屋面排水用瓦件，作马槽形。

注水　垂直的落水管。其上承晴落、天沟、合漏等处的水，使水下注。

天幔　于天井上建屋顶。辟天窗以采光。

膝裤通　铁制的塔刹套柱，套于塔心木外，与相轮相连，有装饰的作用。

天王版　亦称"圆光"。塔顶装于第八套膝裤通，相轮外侧似力士飞仙等的装饰件。

凤盖　或称"宝盖"，塔顶第八套膝裤通上，第七相轮之间，为龙凤或起突宝盖的饰物。以承珠球（宝珠）。

合缸　塔刹下部与塔顶结合处，其形如复钵。故也称"复钵"。

莲蓬缸　塔顶的饰物，下为仰莲座，上套合尖之葫芦。亦可称仰莲。

相轮　塔顶的铁圈，有数套，串于中央刹柱上，俗称"蒸笼圈"。

旺链　塔顶天王版手中所拉挂的铁链。

珠球　塔顶凤盖上珠形装饰物。也称宝珠。

葫芦尖　塔尖所用的葫芦形装饰宝顶。

腰檐　厅堂类建筑的楼房，在楼层与底层之间常常设置一条通长的屋面，即为"腰檐"（图 9-33）。宝塔各层之间的出檐，也称"腰檐"。

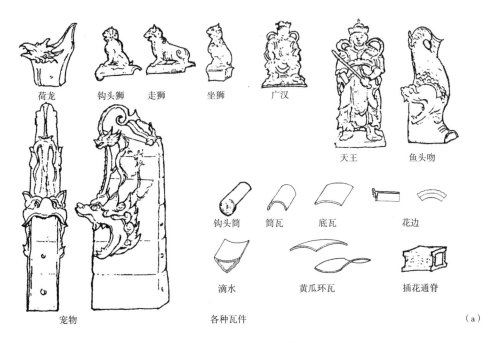

荷龙　　钩头狮　　走狮　　坐狮　　广汉　　　　　　天王　　鱼头吻

钩头筒　　筒瓦　　底瓦　　花边

滴水　　黄瓜环瓦　　插花通脊

宠物　　　　　　各种瓦件　　　　　　　　　　　　　　　　（a）

（b）　图 9-33　腰檐

10. 髹饰、彩画

对传统建筑木质构架、门窗之类施用油、漆，最初并非为了装饰，因为油和漆对于木构件具有良好的保护作用，但油、漆一经使用，不仅延缓了木构件常见的朽蚀开裂等病害的发生，而且还带来了整洁、美观的效果。进一步将油、漆改作彩绘，起装饰的效果就更为明显。

在过去，油漆是两种不同的东西，油指的是桐树种子榨出的油料，经过炼制、添加矿物颜料形成的涂料；漆则是漆树的树脂，通过加工形成的。受古代建筑等级制度的限制，民居建筑可以涂刷油、漆，彩绘则受到限制，但在苏州的一些府邸中过去却曾存在大量的彩绘运用。至今苏地还保存了三百余方彩画，其时代约从明代前期到民国年间。

苏地彩画装饰主要施于梁（图 10-1）、枋（图 10-2）、桁条（图 10-3）等构件上，其他构件有时也有施用（图 10-4），但数量不多。彩绘通常被分为三段，左右称"包头"，对称绘制金线如意、书条嵌星等线型纹饰。中段称"锦袱"，地纹有用不施彩的素地、也有刷单色的青绿地或饰有折枝花、卷草等的锦纹地，其上再绘山水、

图 10-1　梁类构件
上的彩画（1）
（a）扁作大梁、山界
梁彩画；
（b）圆作大梁、山界
梁彩画；
（c）眉川、双步彩画 a；

（a）

(b)

(c)

（d）

图 10-1　梁类构件
上的彩画（2）
（d）眉川、双步彩画 b；
（e）轩梁、荷包梁彩画

（e）

（a）

（b）

图 10-2　桁、枋彩
画（1）
（a）檐桁与檐枋彩画；
（b）步桁与步枋彩画
（次间）

图 10-2　桁、枋彩
画（2）
（c）步桁与步枋彩画
（正间）；

（c）

人物、花卉、鸟兽、器物等图案。

　　银珠漆　漆之一种，红色。用银珠，即朱砂调和。银珠有广珠，青兴、三兴、建朱、心红、血标、糊涂、烟红等八种。

　　水浪纹　装饰纹样的一种，作水浪形（图 10-5）。

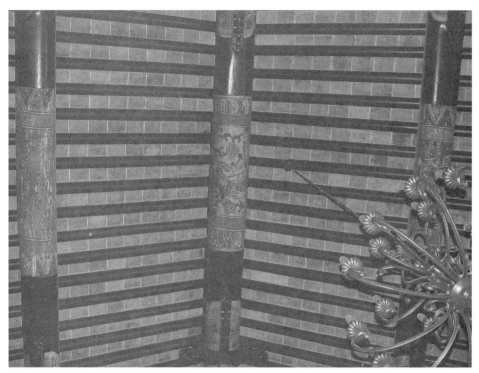

（a）

（b）

图 10-3　桁条彩画（1）

（c）

图 10-3 桁条彩画（2）

（d）

（e）

（f）

（a）

图 10-4　其他构件
上的彩画
（a）棹木彩画；
（b）垫板彩画

（b）

图 10-5　水浪纹

　　回纹　带状装饰纹样的一种（图 10-6）。

　　云纹　用于装饰纹样之一（图 10-7）。

　　雷纹　一种用于雕饰的纹样（图 10-8）。

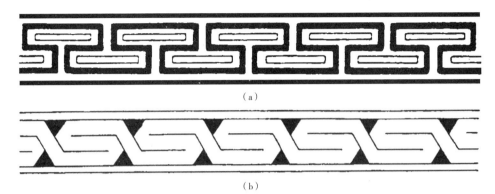

（a）

（b）

图 10-6　回纹

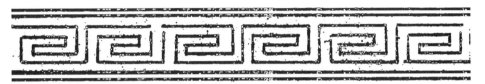

图 10-7　云纹

图 10-8　雷纹

11. 石作

　　我国的传统建筑以木结构为特色，这并不意味我国缺乏良好的建筑用石，或对石材的性能未有充分的了解，主要还在于传统建筑观的影响，即不求建筑的永存。其实在我国古代还是出现过许多优秀的石构建筑，就苏州地区而言，石材的应用除营建桥梁、修筑牌坊以及大量用于建筑阶台、石柱础等构件外，还可以见到象镇湖万佛塔、天池山寂鉴寺石屋那样的全石构建筑（图11-1），由此反映出当地石作的水平。

图 11-1　石构建筑
（a）镇湖石塔；
（b）寂鉴寺石殿；
（c）宝带桥石塔、石亭

　　砷石　将军门旁所置的石鼓形装饰物，上如鼓形，下有基座。亦用于牌坊、桥栏端部及露台台阶旁。也称"门枕石"、"抱鼓石"（图11-2）。

　　书包砷　砷石（抱鼓石）式样的一种，矩形（图11-3）。

(a)　　　　　　　　　　　　　(b)

纹头砷　砷石（抱鼓石）之鼓形部分，作纹式图案。

葵花砷　砷石（抱鼓石）形式之一，鼓形部分侧面雕刻有葵花花纹（图 11–4）。

拉狮砷　砷石（抱鼓石）造型的一种，石狮子背部连于砷石，又名"挨狮砷"。

壶镇　砷石（抱鼓石）上部的盘陀石为矩形的，称壶镇。

锁口石　石栏干下的石（图 11–5）条，或驳岸顶面第一皮石抖（图 11–5）。

花瓶撑　石栏干的栏版中部凿空，存留花瓶状之撑头（图 11–6）。

莲柱　石栏杆两旁的石望柱，柱头常雕刻成莲花形，故名（图 11–7）。

莲花头　莲柱的上部，雕刻有莲花形的部分（图 11–8）。

牌楼　亦名"牌坊"，两柱之上架额枋及牌科、屋顶等，下可通行。主要用作纪念性建筑物（图 11–9）。

磊磊　石牌坊的基座。

花枋　石牌坊下枋上面的一条石枋。倘在中枋上，则名"上花枋"（图 11–10）。

(c)

图 11-2　砷石
(a) 门旁的砷石；
(b)、(c) 桥栏端部的砷石；
(d) 石牌坊柱子前后的砷石；
(e) 木牌坊柱子前后的砷石；
(f) 石栏端部的砷石

（a）

（c）

（b）

（d）　　　　　　　　　　（e）　　　　　　　　　　（f）

图 11-3　书包碑

图 11-4　葵花砷

图 11-6　花瓶撑

图 11-7　莲柱

图 11-5　锁口石

（a）

（b）

图 11-8　莲花头

（a）

（b）

（c）

图 11-9　牌楼
（a）四柱三间冲天式
牌坊；
（b）两柱三楼式牌楼；
（c）四柱三间式牌楼

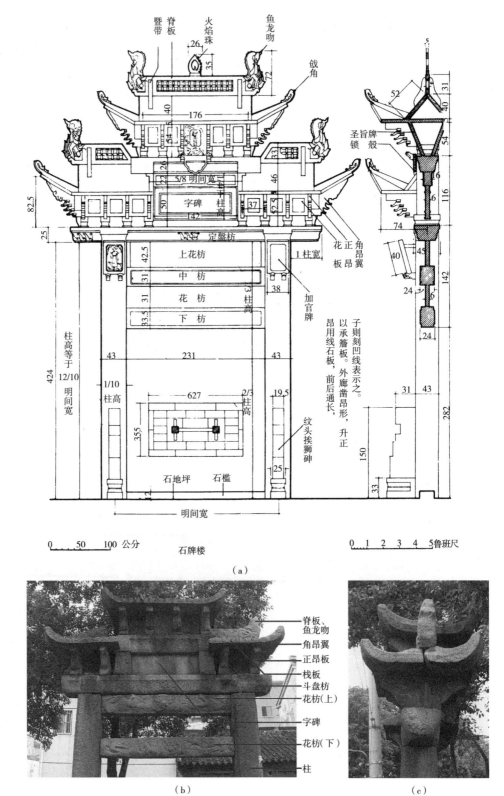

图 11-10　石牌坊
（a）石牌坊构造；
（b）实例（正面）；
（c）实例（侧面）

栈板　有楼的石牌坊，其屋顶前后所架的倾斜石板（图11–10）。

夹堂　石牌坊上枋与下枋间的石板。

角昂翼　石牌坊角科斗口上，所架的石板，外缘作升昂形状（图11–10）。

圣旨牌　在石牌坊上所立的字牌。位于上枋中央，表示奉旨建造。

加官牌　石牌坊柱的上端，前，后所悬的石碑。以祈加官晋爵。

脊筒檐板　有楼的石牌坊，正昂上平铺作出檐屋面的石板。

脊板　有楼的石牌坊，用石板代替正脊，板上常作流（镂）空金钱等花纹（图11–10）。

正昂板　石牌枋牌科(斗栱)的斗口上。所架通长的石板，外缘凿升、昂形状（图11–10）。

日月牌　也称"云版"，石牌坊上枋两端，所置的刻有日月的石牌装饰物。

火焰　也称"火焰珠"，石牌枋上枋之上，中央所置的如火焰状的装饰物。

云冠　石牌坊柱顶，雕流云装饰，呈圆柱形。

锁壳石　石牌坊上的圣旨牌或匾额下所悬的似锁片形装饰物。

泄水口　雨水及生活用水需要及时排除，天井中的阴沟盖板和河道旁的出水口均称作排泄口（图11–11）。

揽船鼻　市镇中为固定停泊的船只，常在条石驳岸的"丁石"前端雕凿成蕉叶、如意、古老钱等形状，当中穿孔（图11–12）。

双细　石作工序之一。石料在采石场稍加剥凿的工作。仅凿去其棱角。

图11–11　泄水口
（a）天井中的阴沟盖板；
（b）河道旁的出水口

（a）

（b）

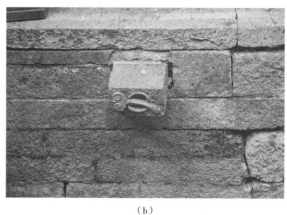

（b）

（c）

（a）

图 11-12 揽船鼻

出潭双细　石作工序之一。开采的石料运至作坊后的第一道工序，始加以剥高去潭的工作。

市双细　石作工序之一。石料经第一次剥凿"双细"后，再加一次凿平，称"市双细"。

督细　石作工序之一。经双细或出潭双细，市双细等加工工序后，再进一步细凿加工。

錾细　石作工序之一，石料经双细，出潭双细，市双细等加工后，再细细錾凿，使石料表面平整，錾痕细密均匀。

地面起突　类似高浮雕（图 11-13）。

铲地去阳　类似低浮雕（图 11-14）。

阴文　即线刻（图 11-15）。

图 11-13　地面起突

图 11-14　铲地去阳

图 11-15　阴文

12. 装饰线脚

在传统建筑的棱边以及各类雕饰中往往施用各种线脚予以装饰，若将这些线脚分解，其实都是一些大小不同的圆弧，用采用了不同的组合，使之变得丰富多彩，且美轮美奂。为加工这些线脚，工匠们制作了不同形状、不同规格的槽刨，使之变得容易操作。

文武面　线脚的一种，用于装饰，其断面为亚面与浑面相接（图 12-1）。

亚面　内凹而带圆棱的线脚。也称"混"（图 12-2）。

浑面　线脚的一种，其断面在看面凸出成半圆形。

椢面　装折构件上所用的装饰线脚的一种，其看面微凸，棱边作圆弧形（图 12-3）。

木角线　线脚的一种，用于装饰，其断面于转角处呈相连的两个小圆线（图 12-4）。

合桃线　装饰线脚的一种。其断面中部有小圆线,两旁成数圆线,似合桃壳（图 12-5）。

仰浑　仰置的浑面起线（图 12-6）。北方称"上枭"。

托浑　复置的圆形线脚（图 12-6）。北方称"下枭"。

束编细　用于墙门的起线，面平呈带状的砖条，介于仰浑、托浑之间（图 12-6）。

束细　连于托浑或仰浑，面呈方形的起线线脚，较束编细狭。

壶细口　砌砖逐皮出挑，断面作葫芦形之曲线，苏地称壶细口（图 12-7）。

勒口　石科棱边转角处斩出的一路光口。

插枝　花篮内所插花枝，亦称挂芽。

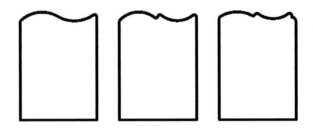

图 12-1　文武面

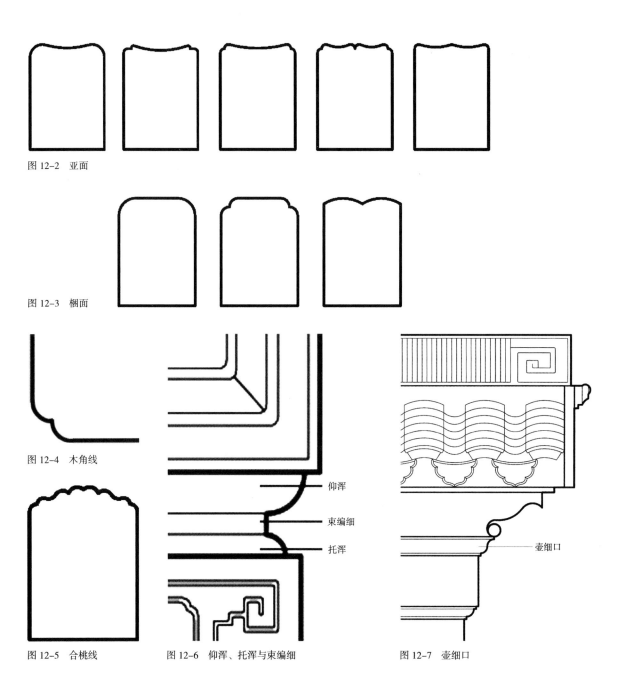

图 12-2　亚面

图 12-3　梱面

图 12-4　木角线

图 12-5　合桃线

图 12-6　仰浑、托浑与束编细

仰浑

束编细

托浑

图 12-7　壶细口

壶细口

13. 材料与工具

　　传统建筑所有的材料主要是木料和砖、石，而且经常是就地取材。苏州地区所用的砖料、石材也同样取自当地，只是由于经济的发展，可用于建筑的木料日渐稀少，需要从远方供给。同样因商品经济的发展以及传统的建筑规范化已经成熟，所以各种材料都成为具有相应规格的商品，可通过市场选购。苏州的建筑用石材产自苏州西郊，明代之前多用出自太湖洞庭西山的青石（石灰岩），清初已经开始普遍使用金山石（花岗岩）。在过去，一般民居所用的砖瓦大多自行烧制，但随着社会分工的细化，在明清时期逐渐出现规模较大的专业窑口。苏地所用的商品砖瓦主要由当地的陆墓（原称北窑）和浙江的嘉兴（原称南窑）供应。不同地区、不同窑口生产的同种砖瓦具有细微的尺寸并不一致，质量也有所差异。

　　房屋建造需要工具，为了便利施工、提高质量、并彰显地方特色，即所谓"工欲善其事，必先利其器"，苏地工匠除了备置那些常用工具之外，还会自行制作特殊的专用工具。

　　广木　指湖广地区所产的杉木，湖广即主要指湖北、湖南二地，简称广木。

　　西木　江西所产杉木之简称。

　　围篾　竹篾所作的软尺，用以围量木料。

　　滩尺　用于量木料周长的篾尺，苏州称为"围同篾"。

　　甲　木筏名称，每甲分为二拖，每拖约四、五十根。

　　正木　无病疵的木料。

　　脚木　指有空、疤、破、烂、尖、短、曲等缺陷的木料。

　　中期　木料围径在二尺以上的，称"中期"。

　　钱木　围径在一尺五寸以上的木料。

　　分木　过去苏州围量木料的规距。围径在一尺五寸以下的，其码子以分计算，故名。

　　收星　木料的围径尺寸在一寸及半寸以下，另数的计算方法。

　　码　木材及石料计值之单位。

　　飞码　过去木料的围径在四尺以上，其码子应特加，此所加之码，即谓"飞码"。

　　点水　木材之围量手。

　　青石　产自太湖洞庭西山的石灰岩。

　　金山石　产自西郊金山等地的花岗岩。

　　北窑　苏州陆墓生产的各种砖料，其土质细腻，质量上乘。

南窑 指嘉兴生产的各种砖料，因其土质含沙，故质量稍差。

尺 在香山工匠中可以度量尺寸的称作直尺；划线直线的扁长木条也称作直尺（图 13–1）。此外像水作还常用长木头来粉墙体棱边，这种木条也被称之为直尺。

折尺 一种便于携带的尺，由数段小尺用铜或铁制的铰链连接而成，用时可拉开（图 13–2）。

曲尺 木工工具，划垂直线用。有长、短两边，互成直角。长边称苗，长一尺八寸，阔一寸六分，厚二分；短边阔六分，厚五分，长一尺（图 13–3）。

规方 工具名，即可活动的丁字形尺，也叫活络尺，用于衡量角度平直（图 13–4）。

墨斗 木匠弹线用具，木制。前端有墨碗，储墨棉。后有小摇车，绕线，线经墨碗，染黑，以弹线（图 13–5）。

篾青 指木匠画线用的笔。用竹青部分削成片，下端依次劈开，溅墨以画线（图 13–5）。

锛 木匠工具，用于去木皮、粗略砍削荒料（余量）的工具（图 13–6）。

锯 断木工具，种类较多，主要的一种用木料做成工字形构架，其一侧安装锯片，另一侧用麻绳绞紧（图 13–7）。

图 13–1 直尺

（a）　　　　　　　　（b）

图 13–2 折尺

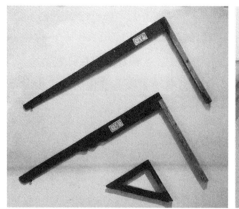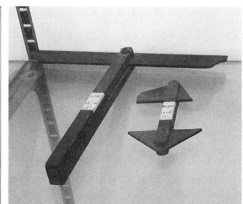

图 13-3　曲尺与角
尺（左）
图 13-4　规方（右）

图 13-5　墨斗与篾青

（a）　　　　　　　　　　　　　　　　　　　　　（b）

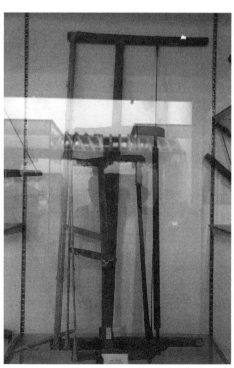

图 13-6　锛（左）
图 13-7　各种锯子
（右）

刨　平木工具，种类较多，主要有平刨（图 13-8）、曲面刨（图 13-9）、企口刨、槽刨（图 13-10）以及线脚刨（图 13-11）等，以方便木构件加工。砖细加工平面和线脚时，也会用到刨类工具（图 13-12）。

凿　木匠工具，用以凿榫眼者，宽自二分至一寸不等（图 13-13）。木雕、砖雕和石雕作业中也会用到各种凿子，虽质量、大小会各有区别，但形状大致相似。

扁铲　木雕工具，用以小面积平面修整（图 13-14）。

修弓　木匠及雕花匠的工具。弓形，弦用细钢丝锯（图 13-15）。

舞钻　木匠用的手拉钻。钻杆横套扶手，扶手两端有绳绕杆顶，杆下端有一木盘及装钻头的钻套。上下扶手，舞动木盘钻头可以钻孔（图 13-16）。

牵钻　与舞钻相似，但杆下端无木盘（图 13-17）。

图 13-8　平刨

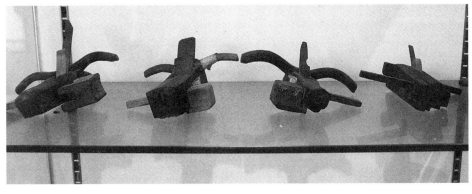

图 13-9　曲面刨

（a）

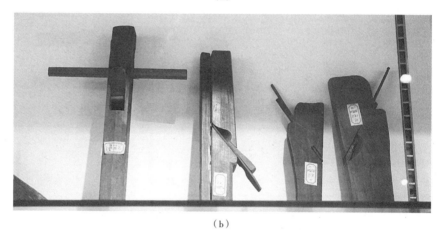

图 13-10 槽刨

（b）

图 13-11 企口刨以
及线脚刨

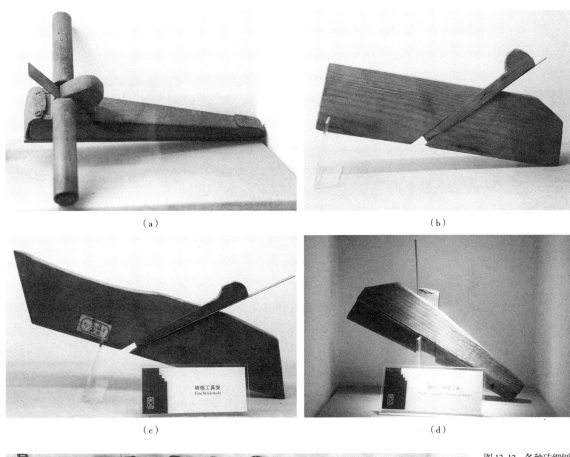

（a）

（b）

（c）

（d）

图 13-12　各种砖细刨

图 13-13　各种凿子

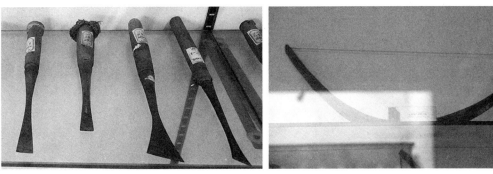

图 13-14　扁铲

图 13-15　修弓

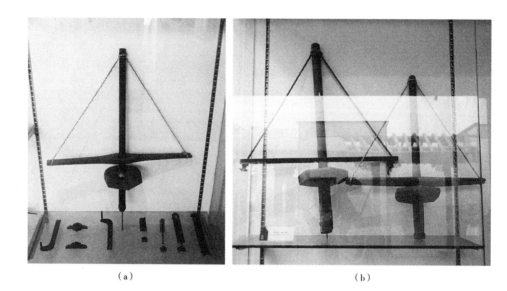

图 13-16　舞钻

（a）　　　　　　　　　　　　　　　　　（b）

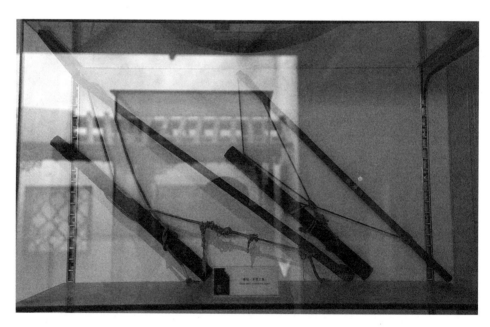

图 13-17　牵钻

灰板　水作工具。形铲刀，宽约四寸，短柄，木制，粉刷及承灰用（图 13-18 左）。

泥刀　水作工具。铁制，刀形。用于砍砖、砌墙（图 13-18 左二）。

铁抹　水作工具。平整墙面用（图 13-18 右二）。

泥桶　水作工具。用于盛灰浆（图 13-18 右）。

水帚　水作工具。用于墙面洒水，以稻草扎制（图 13-18 "泥桶" 内）。

细腻　水作用具，俗称 "缧壳匙"。粉圆面用（图 13-19）。

匙模　水作用具，即 "细腻"。

图 13-18　水作工具

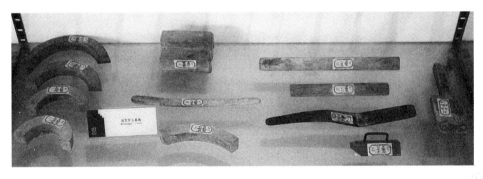

图 13-19　细腻

泥络　水作工具，挑灰泥用的绳络，为一尺方的木框，四周穿绳，呈网络状。

蛮凿　凿石工具，长约七寸至尺余，钢铁作成。断面约八分，方形，四棱微圆，一头为尖形。又一种断面为四方形，棱角整齐，一端亦成尖形（图 13-20）。

鹤嘴　手锤的一种。一端作尖形，另一端作锤形，用于花街的铺筑（图 13-21）。

拔撬　铁撬棒，起重之用。如移动石料等用此铁撬，另有作拔钉之用（图 13-22）。

图 13-20　蛮凿
（a）扁头；
（b）尖头；
（c）平头

（a）

（b）

（c）

图 13-21　鹤嘴（左）
图 13-22　拔撬（右）

嵌缝条　假山工具，由洋元（螺纹钢）制作。一端砸扁、略弯；另一端弯曲成手柄。用于山石嵌缝（图 13-23）。

锤　敲击工具。木工、石工都有使用（图 13-24）。

皮锤　砖细工具。为使构件镶拼到位，需用力敲击，但又不能损伤砖细表面，故须用表面较柔软，且有一定重量的材料作锤头。过去是木制锤头外包牛皮；晚近以来用硬质橡胶作出头（图 13-25）。

木杵　木雕工具。其作用与锤相似，敲击用（图 13-26）。

排束　亦称排杉，以木梢排成的脚手板。

端石　即石锤，方一尺二寸，用金山石制，打桩用。

飞磨石　即"石硪"，鼓形，四周系绳，用以打实土壤。

天关　用于起重，疑即神仙葫芦。亦即起重滑车。

地关　起重用，疑即滑轮，绳索经滑轮而绕于绞车。

守关　起重用，疑即绞车。

盘车　起重用，疑即滑车或绞车。

流头　木制的小滑车，起重小重量物件用（图 13-27）。

牮房　房屋倾斜，拆卸墙体屋面，斜榫木架之称谓。

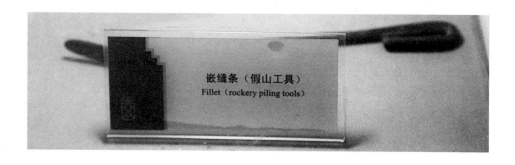

图 13-23　嵌缝条

图 13-24　锤

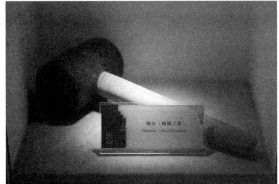

图 13-25　皮锤

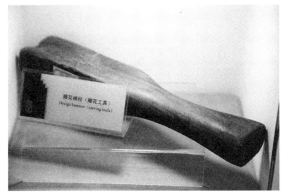

图 13-26　木杵

图 13-27　流头

后 记

　　编写一册有关香山帮建筑的名词解释并配上图片，原以为凭着自己多年来积累，应该是比较轻松的工作。花费了两三个月的时间，编纂了500余条条目，想来再有个把月，将自己已有的数万张图片中挑选一下，就应该大功告成。不意接下来有几件不得不处理的事情接踵而来，尽管期间也不是没有数天、十数天的零星间歇时间，但重新拾起《香山帮建筑图释》的编图工作时，却发现并非想象的那样轻松。因为，事实上经常会为了找寻一幅配图而对数万张已有图片翻找一遍，有时在配下一幅图片时发现在刚刚浏览的图片中似乎见过，但已记不清是哪个文件夹了，无奈只得再次翻找一遍。这样的过程所引起的烦躁实难言表，最后决定拿起相机，按条目重新拍摄吧……

　　与冯晓东先生的合著编纂工作已经告竣，在此期间得到了苏州民族建筑学会《景原》学刊编辑部徐仉、陈玉明先生的协助，在此深表感谢。而长期以来与苏州市香山帮营造协会的诸多匠师的交往，他们在有意无意间让我了解到许多当地的建筑专业术语以及构造方法和特征，这对于本书的编纂起到了至关重要的作用，只是人员太多，只能在此一并致谢。

雍振华

2014.12

特别鸣谢

苏州市香山职业培训学校

苏州景原工程设计咨询监理有限公司

苏州香山工坊建设投资发展有限公司

融境传播研究所